BAYESIAN APPROACH FOR MEASURING AGREEMENT
Measuring agreement in short

Authored by PhD Fernando Calle-Alonso
Copyright 2015 Fernando Calle-Alonso. All Rights Reserved.
Published by CreateSpace OD Publishing (Amazon Company)
Printed in the United States of America
Publication Date: dec 30 2014 First Edition

ISBN/EAN13: 1505874947 / 9781505874945

Page Count: 66 Binding Type: US Trade Paper Trim Size: 8.5" x 11"
Categories: Applied Mathematics / Applied Statistics

Agradecimientos

En primer lugar tengo que agradecer a Teresa Alonso la gran ayuda que ha supuesto la adaptación de la aplicación Qatris Imanager y la creación de la nueva aplicación DIB, así como los ánimos que me ha prestado.

Gracias también a mis directores Carlos J. Pérez y J. Pablo Arias, y al director del grupo de investigación Jacinto R. Martín, por elegirme para estar aquí y poder desarrollar las labores de investigación. Sus valiosas sugerencias y acertadas críticas han hecho que finalizara el trabajo con éxito. En especial a Pablo, por haber confiado en mi desde que terminé la diplomatura y haberme permitido trabajar primero en la empresa Sicubo y después en la Universidad de Extremadura.

Gracias a mi mujer Claudia ya que, sin su cariño, apoyo y comprensión en los momentos más difíciles de estos últimos años, habría sido imposible alcanzar todas mis metas.

Por último, y más importante, a mis padres, por su desinteresada ayuda, su comprensión y su constante estímulo. Me enseñaron que con la perseverancia y el esfuerzo se puede lograr cualquier objetivo. A ellos, que son la luz en mi camino, les dedico este trabajo.

Resumen

Este trabajo se enmarca en el campo de la Toma de Decisiones. Se aborda un método que resuelve el problema de agregación de preferencias con múltiples decisores en dos pasos. El objetivo principal es conseguir un algoritmo que unifique el criterio de un grupo en base a las opiniones individuales formuladas por los distintos decisores existentes, sin la necesidad de que éstos estén reunidos gracias al uso de las nuevas tecnologías. En concreto, en este proyecto se presenta un método de comparación por pares basado en regresión logística bayesiana para resolver los problemas de agregación de preferencias y que podría considerarse dentro del campo de la democracia electrónica o e-democracia, por el uso que hace de las nuevas tecnologías. Se estudian las distintas propiedades del mismo y se presentan algunos casos prácticos. Para la resolución de los ejemplos prácticos se utiliza la aplicación DIB, desarrollada para la toma de decisiones. Con esta aplicación se puede obtener el orden de grupo basándose en las utilidades individuales y en un consenso sobre un conjunto reducido de alternativas. Además está desarrollada en Java por lo que permite una sencilla integración a cualquier entorno web, y falicita el proceso de decisión.

Además, se plantea una adaptación específica del método que pretende resolver el problema de la clasificación de imágenes de acuerdo a su contenido. Este problema de candente actualidad, está siendo muy tratado mediante algoritmos CBIR (Content Based Image Retrieval) o CBVR (Content Based Video Retrieval). Para ello se utiliza el software *Qatris Imanager*, con el que se extraen características de color, textura y forma de imágenes digitales y se analizan para su clasificación. Resultarán evidentes las aplicaciones que estos estudios podrían tener en diversas áreas de interés como la robótica, medicina, control de calidad industrial, etc. Se presenta finalmente un conjunto de pruebas sobre datos reales que muestran la capacidad clasificadora de las técnicas propuestas.

Palabras clave: agregación de preferencias, CBIR, e-democracia, regresión logística bayesiana, toma de decisiones en grupo

Abstract

This work is focused on the Group Decision Making field, where a team of decision makers have to choose the best alternative for the group. The objective is to formulate a methodology to solve this kind of problems without the need of a meeting, thanks to the use of the new technologies. A new 2-steps method to solve preference aggregation problems is proposed. Specifically, in this document it will be shown a logistic regression-based pairwise comparison method to aggregate preferences that could be considered into e-democracy field. Properties of the procedure are studied and some illustrative examples are presented.

To solve the examples a new application is used. It was developed for this project and it is applied to decision making problems. With this software the group order is obtained, using the individual utilities and a group consensus about a small group of alternatives. It is developed in Java, so a easy integration in a web-based environment is allowed.

Also it will be shown a specific adaptation of the method to solve some image classification problems. This topic has increased its significance in recent years and it is being solved with methods called CBIR (Content Based Image Retrieval) or CBVR (Content Based Video Retrieval). The features used in this method are color texture and shape. They are extracted from images and processed with *Qatris Imanager* software. It will be obvious that the solutions given could have several interest areas like robotic, health sciences, industrial quality control, etc. Finally a group of tests with real images will be presented, to discover the classification capacity.

Keywords: preference aggregation, CBIR, e-democracy, bayesian logistic regression, group decision making

Índice general

Índice de figuras

Capítulo 1

INTRODUCCIÓN

Índice

En este primer capítulo se hará un breve resumen de los conceptos desarrollados en profundidad a lo largo del trabajo, incluyendo la toma de decisiones, la democracia electrónica y la clasificación de imágenes.

En el Capítulo 2 se abordará en profundidad el método de agregación de preferencias propuesto como tema central, así como algunos ejemplos en los que se pueden ver plasmados los resultados teóricos en una aplicación real. Se utiliza el método de comparación por pares basado en la regresión logística binomial bayesiana.

El Capítulo 3 desarrolla una aplicación distinta a la toma de decisiones, pero que utiliza el mismo método explicado en el Capítulo 2. Trata de dar solución al problema de clasificición de imágenes por contenido semántico (generalmente conocido como CBIR). Para ello aplica una extensión multinomial de la regresión logística bayesiana.

Al final del documento se presentan las referencias.

1.1. Toma de decisiones

Cuando uno se encuentra ante un problema, definido por un estado inicial, un estado final deseado, una variedad de posibles acciones que emprender, y un entorno sobre el que se ejercen estas acciones, se está ante un problema de decisión. Hoy en día, en todas las organizaciones existen problemas de diferente naturaleza, sin embargo tienen un denominador común: la necesidad de elegir entre diferentes alternativas que han de evaluarse en base a varios criterios. En este contexto los tomadores de decisiones tienen como objetivo principal ordenar las alternativas para conseguir una óptima y consensuada decisión de grupo.

Para definir la toma de decisiones partimos del proceso más general de resolución de un problema, que consta de las siguientes fases:

1. Definición del problema

2. Identificación de alternativas

3. Determinación de criterios

4. Evaluación de alternativas

5. Ordenación de alternativas

6. Aplicación de la decisión

7. Evaluación de resultados

Toma de decisiones es el término que generalmente se asocia con las cinco primeras etapas del proceso de resolución de problemas que acabamos de definir. Así la toma de decisiones comienza con la definición del problema y termina con la ordenación o elección de alternativas, que es el acto de tomar una decisión (véase Toskano [37]). Los casos más estudiados son los que cuentan con múltiples alternativas para varios decisores, ya que se evitan los prejuicios y las opiniones subjetivas.

Se tratará el tema de toma de decisiones con múltiples decisores. Para resolver este tipo de problemas, se utilizan procesos de agregación de preferencias. Estos métodos de decisión vienen marcados por la complejidad que conlleva la necesidad de evaluar las opiniones de los distintos decisores ya que, a menudo, pueden surgir problemas o conflictos entre ellos o incluso dictadores, como muestran French [17] y Genest y Zidek [19]. Por tanto, el problema consiste en el desarrollo de un modelo que permita la agregación de las opiniones de expertos y decisores de forma coherente.

Esta cuestión puede tratarse desde dos puntos de vista, generalmente conocidos como: normativo o descriptivo. La mayoría de los métodos desarrollados para teoría de la decisión son de tipo normativo, es decir, concierne a la identificación de la mejor decisión que pueda ser tomada, asumiendo que una persona que tenga que tomar decisiones sea capaz de estar en un entorno de completa información, capaz de calcular con precisión y de forma completamente racional y objetiva (véase Rantilla y Vudescu [31]). La aplicación práctica de esta aproximación se denomina análisis de la decisión y proporciona una búsqueda de herramientas, metodologías y software para ayudar a tomar mejores decisiones. Las herramientas de software orientadas a este tipo de ayudas se desarrollan bajo la denominación global de Sistemas para la Ayuda a la Decisión (abreviado en inglés como DSS, *Decision Support Systems*).

Desde el punto de vista descriptivo se intenta definir qué es lo que el decisor realmente hace durante el proceso de toma de decisiones. Se pensó en el aspecto descriptivo debido a que la teoría normativa trabaja sólo bajo condiciones óptimas de decisión y, a veces, puede utilizar hipótesis algo alejadas de la realidad cotidiana. El método descriptivo se utiliza para problemas concretos, sin centrarse tanto en la consecución de una solución generalizada como se hace en los estudios normativos (véase Smith y von Winterfeldt [35]. Actualmente los métodos normativos se han desarrollado en mayor medida pero, para evitar sus limitaciones, se han mezclado con los descriptivos así que las investigaciones en este sentido incluyen ideas de ambos planteamientos. El método definido en este trabajo se acerca más al enfoque descriptivo, aunque siempre sin perder de vista la generalización de los resultados.

Además de estas diferencias básicas, existen enfoques distintos para la resolución del mismo problema. La valoración de las alternativas y búsqueda de soluciones eficientes y el posterior refinamiento de las mismas, ha hecho que en su aplicación a problemas discretos y continuos aparezcan diferentes puntos de vista en el enfoque de las técnicas para múltiples decisores.

La valoración de alternativas es el primer paso importante en la información aportada por el decisor. Posteriormente el proceso de agregación de las ordenaciones de los distintos criterios es otro paso importante del proceso de decisión. Dependiendo de las decisiones tomadas en cada uno de esos pasos se han ido generando los distintos enfoques del problema.

Uno de ellos ha venido dado por la búsqueda de una función de utilidad que permita pasar a un espacio completamente ordenado (teoría de utilidad multiatributo), que posee un gran desarrollo teórico pero muestra demasiada complejidad en su aplicación.

Otro enfoque importante se encuentra en los métodos de sobreclasificación. Consisten en relajar la condición de eficiencia para poder comparar soluciones eficientes entre sí, a partir de la información aportada por el decisor. Dentro de esta familia cabe destacar los métodos Electre, Promethée y Oreste expuestos por van Huylenbroeck [40].

Como tercer punto de vista destacado, y de amplio desarrollo dentro de los problemas discretos, podemos mencionar el Proceso Analítico Jerárquico (AHP del inglés *Analytic Hierarchy Process*). Produce muchas controversias pero aporta grandes ventajas ya que en lugar de prescribir la decisión "correcta" ayuda a los decisores a encontrar la solución que mejor se ajusta a sus necesidades. Este sistema utiliza una formulación del problema mediante una estructura jerárquica y posee un sistema de comparación bastante útil, siempre que se entienda cómo se maneja la información utilizada.

Las mencionadas son sólo algunas de las diferentes metodologías seguidas, pero podríamos destacar entre las más actuales:

- Analytic network process

- Weighted sum or product model

- Inner product of vectors

- Multi-attribute value/utility theory

- Goal programming

- Dominance-based rough set approach

- Aggregated index randomization method

- Utilités additives method

- Nonstructural fuzzy decision support system

- Grey relational analysis

- Superiority and inferiority ranking method

- Potentially all pairwise rankings of all possible alternatives

- Value engineering

- Value analysis

En los últimos años, los métodos relativos a este área han ido creciendo de forma exponencial. Esto se ha debido en parte al desarrollo de las nuevas tecnologías, que ofrecen interesantes herramientas de comunicación entre decisores. En concreto las tecnologías web han permitido avanzar en la toma de decisiones ya que no dependen de un lugar físico ni de un momento específico (véase French [17]), tal como muestra en un ejemplo de ordenación de alternativas vía web Efremov et al. [14].

Estos métodos son especialmente útiles cuando el número de decisores es demasiado grande o cuando no pueden reunirse todos en un mismo lugar. Uno de los ejemplos más estudiados es el caso de la participación ciudadana mediante la e-democracia. Un caso práctico sobre aspectos relacionados con los gastos de dinero público, fue propuesto por De Sousa [12].

Por último y desde un punto de vista más genérico del problema, hay que definir la metodología general a seguir en el estudio, ya sea clásica o bayesiana. Se ha elegido la bayesiana por ser la que más avances está aportando actualmente y además porque proporciona una serie de ventajas que no podrían conseguirse de otro modo, expuestas por Berger [7]:

- Se pueden combinar fuentes de información muy diferentes.

- Se favorecen modelos más sencillos para explicar el comportamiento de los datos.

- No se requieren muestras muy grandes.

- El análisis secuencial es mucho más sencillo.

- Proporciona interpretaciones sencillas e intuitivas.

- Permite solucionar problemas de gran complejidad gracias a los Métodos Monte Carlo basados en Cadenas de Markov (MCMC).

El estudio sobre la toma de decisiones, generalmente se hace en situaciones en las que se dispone de conocimientos previos o quizás alguna idea sobre la forma en que valoran las alternativas los decisores. Mientras sea posible, esta información previa debería incluirse en el modelo y no eludirla. Para ello, la función objetivo del modelo debe incluir toda la información posible, y así se alcanzará una estimación de los parámetros del modelo más cercana a la realidad. Este enfoque en los problemas de toma de decisiones será el punto de vista bayesiano que plantearemos para resolver el problema.

1.2. Democracia electrónica

La toma de decisiones se aplica habitualmente en los procesos electorales de todos los países democráticos. Los ciudadanos pueden elegir a las personas que decidirán en su nombre todos los aspectos que afecten al país, región o ciudad donde vivan. En general todos los votantes suelen ejercer su derecho a voto de forma presencial y utilizando algún elemento físico como el papel. La tendencia actual de la sociedad se centra en realizar todos los procesos por un medio telemático, gracias al acceso mayoritario de los hogares a Internet y a las tecnologías móviles. Esto deriva en el amplio desarrollo que se está dando a la toma de decisiones de modo electrónico, considerando tres aspectos principales según Ríos [32]:

- Facilidad de acceso a la información: a través de páginas web, móviles, etc. que facilitan la toma de decisiones.

- Facilidad para realizar trámites con la administración: se pueden eludir colas de espera y se simplifican los trámites administrativos.

- Facilidad para la participacion ciudadana: utilizar las TICs para cualquier proceso en el que pueda ser adecuada la opinión de la ciudadanía. Éste es el punto más difícil y menos desarrollado.

Para poder hablar de una forma concreta de este tipo de procesos, definiremos la e-democracia (o democracia electrónica) como el sistema de toma de decisiones que, cumpliendo con las cinco condiciones propuestas por Dahl [10], se basa principalmente en la utilización de las redes digitales para llevar a cabo los procesos de toma de decisiones y el intercambio de información.

Las cinco condiciones son:

1. Participación efectiva: Los ciudadanos deben tener oportunidades iguales y efectivas de formar su preferencia y lanzar cuestiones a la agenda pública y expresar razones a favor de un resultado u otro.

2. Igualdad de voto en la fase decisoria: Cada ciudadano debe tener la seguridad de que sus puntos de vista serán tan tenidos en cuenta como los de los otros.

3. Comprensión informada: Los ciudadanos deben disfrutar de oportunidades amplias y equitativas de conocer y afirmar qué elección sería la más adecuada para sus intereses.

4. Control de la agenda: El pueblo debe tener la oportunidad de decidir qué temas políticos se someten y cuáles deberían someterse a deliberación.

5. Inclusividad: La equidad debe ser extensiva a todos los ciudadanos del estado. Todos tienen intereses legítimos en el proceso político.

Ya se han realizado algunas pruebas de democracia electrónica con resultados satisfactorios. El proyecto nacional británico "UK Local e-Democracy", que pretende obtener la opinión de todos los ciudadanos para desarrollar acciones locales, fue galardonado en 2005 como "La primera iniciativa de e-Democracia a gran escala llevada a cabo por un gobierno". Otro proyecto lo llevó a cabo el Ayuntamiento de Madrid, consultando en 2006 a todos los vecinos de forma electrónica para determinar la gestión medioambiental de los diferentes distritos (véase Ramadan-Mamata [30]).

Como es lógico, los nuevos métodos de democracia requieren nuevas y avanzadas técnicas para la toma de decisiones (véase Carlsson [9]). Inicialmente se probaron métodos sencillos como las medias de las utilidades individuales, y se llegaron a resultados adecuados. La media geométrica utilizada como función de agregación por Aczel [1] así lo demuestra. Pero actualmente se buscan métodos mucho más avanzados y precisos que resuelvan los problemas de forma más eficiente que lo que lo hacían estos primeros algoritmos.

En nuestro caso se propone utilizar un método que aporta numerosas ventajas, tal y como tendremos la oportunidad de reflejar en apartados posteriores, y que fue iniciado por Arias-Nicolás et al. [4]. Las opiniones individuales se pueden representar de dos modos: mediante las funciones de utilidad y por la ordenación de preferencias. Se pueden aplicar al método que se define en el siguiente capítulo de manera indistinta, dando cabida así a ambas posibilidades.

Además se ha desarrollado una aplicación que facilita la toma de decisiones en grupo y que muestra los resultados de un modo práctico y sencillo.

1.3.　Clasificación de imágenes

Con la revolución digital capturar información es fácil, por ejemplo imágenes digitales, y almacenarla es extremadamente barato. Para los científicos los datos representan observaciones cuidadosamente recogidas de algún fenómeno en estudio. Una de las finalidades del procesado de esos datos es la clasificación de los mismos y la obtención de una serie de reglas que nos permitan identificar las categorías disponibles y poder asignar nuevos datos en dichas categorías. Por ejemplo, en el ámbito del tratamiento digital de imágenes médicas, es muy importante aplicar métodos que clasifiquen esas imágenes para disponer de un diagnóstico acertado. En concreto, se suele partir de un conjunto de imágenes ya catalogadas y el objetivo que se persigue es identificar nuevas imágenes con las clases ya creadas (véase Durán et al. [13]).

El proceso de clasificación a menudo no es obvio ni lógico, ya que depende del punto de vista del individuo que genera los conjuntos y esto puede llevar a pérdidas de información o clasificaciones incorrectas tal y como desarrolla Qureshi [29]. Además las características que se extraen suelen discordar con las que el ser humano quiere utilizar para diferenciar las imágenes en clases (véase Tversky [39]).

Los métodos CBIR (*Content Based Image Retrieval*) de los que se puede leer una amplia descripción en Smeulders et al. [34], tratan de dar respuesta a la localización o clasificación de imágenes según el contenido de las mismas y no exclusivamente a ciertas características. El método que se presenta en este trabajo para solucionar los problemas mencionados, es una adaptación del definido previamente para la Toma de Decisiones. Trata de recoger la opinión del usuario al crear los grupos y plasmarla en reglas de clasificación que, además, se van trasformando con cada una de las siguientes reclasificaciones mediante un proceso de retroalimentación o *Relevance Feedback*.

1.4. Objetivos

El objetivo general de este trabajo es la definición de un método bayesiano que solucione el problema de la toma de decisiones con múltiples decisores. Además de este objetivo general se alcanzarán otros objetivos específicos:

- Aplicar la metodología bayesiana sobre la regresión logística multinomial clásica.

- Aplicar el método en un software informático que facilite el proceso de toma de decisiones apoyándose en las nuevas tecnologías, y que permita llevar a cabo las metas perseguidas con la e-democracia.

- Demostrar mediante ejemplos prácticos la efectividad del método.

- Evaluar diferentes aplicaciones prácticas para el mismo método definido.

- Evaluar el método con imágenes haciendo uso del software *Qatris Imanager*.

Capítulo 2

AGREGACIÓN DE PREFERENCIAS

Índice

Este capítulo trata sobre el problema de agregación de preferencias y su resolución haciendo uso del método de comparación por pares basado en regresión logística bayesiana.

2.1. Descripción del problema

La toma de decisiones colaborativas (véase Triantaphyllou [38]), es actualmente un problema muy popular y común en muchas materias. El objetivo es conseguir una solución que satisfaga los objetivos generales del grupo, aunque no coincida con todos los criterios. Es un complejo proceso que involucra a un conjunto de decisores con opiniones e intereses distintos y, a menudo, contrarios entre sí. Estos métodos cada vez son más utilizados, ya que consiguen una mayor eficacia y trasparencia en el proceso de toma de decisiones que si se resolviera mediante simples reuniones de los miembros del grupo.

Para la resolución cada vez se utilizan más las nuevas tecnologías, ya que así se pueden establecer criterios de grupo con muchos más decisores sin tener que estar en el mismo lugar al mismo tiempo. Estos métodos relacionados con la e-democracia (ampliamente desarrollados por French [16]) ya se han comenzado a utilizar, y fundamentarán los procesos de decisión de los próximos años.

Supongamos que tenemos un grupo de decisores que tienen que clasificar una serie de alternativas de un conjunto finito $\mathcal{A}$. Asumimos que cada individuo tiene un criterio para tomar decisiones y ordenar las posibles acciones. Sea u_i la función de utilidad que modela las preferencias de cada individuo i (con $i = 1, \ldots, n$), definida por el orden débil $\succeq_i$ tal que:

$$a_k \succeq_i a_l \Longleftrightarrow u_i(a_k) \geq u_i(a_l),$$

donde $a_k \succeq_i a_l$ significa que el i-ésimo individuo cree que a_k es al menos tan buena como a_l. Además, $\succ_i$ se define como una preferencia estricta en el conjunto de acciones o alternativas, es decir, $a_k \succeq_i a_l$ y no puede ocurrir que $a_l \succeq_i a_k$.

Ahora el problema que debemos resolver consiste en describir un orden de preferencia para el grupo, que denominaremos $\succeq_g$ y en el que se combinarán las preferencias individuales $\succeq_i$. Para ello nos basamos en dos suposiciones:

1. Cada individuo tiene un orden de preferencia propio $\succeq_i$.

2. El grupo es capaz de ordenar algunos pares de alternativas.

Los decisores tienen cada uno su propio criterio por lo que la primera suposición se cumple fácilmente. Además sólo es necesario que sean capaces de ordenar, según sus preferencias individuales, las alternativas, aunque el caso más favorable sería conocer la función de utilidad u_i. Esto se definirá más ampliamente en la sección 2.3.

Para cumplir la segunda suposición se requiere una reunión previa para ponerse de acuerdo en la definición del orden $\succeq_g$ al menos en un subconjunto predefinido de alternativas. Tal y como hemos descrito anteriormente, con el avance de las nuevas tecnologías se pueden realizar reuniones virtuales haciendo uso de cualquier software de videoconferencia. Si finalmente no se llegara a un consenso, debería actuar un mecanismo arbitrario o mediador externo para llevarlo a cabo (definido en la sección 2.3).

Asumiendo que se cumplirán las dos suposiciones, se describirá a continuación el método de comparación por pares basado en regresión logística, con el que trataremos de estimar las preferencias de grupo para todas las alternativas que se planteen en el problema.

2.2. Metodología

El método utilizado ha sido la comparación por pares basado en regresión logística bayesiana. Se definirá el método de forma general y a continuación se expondrá cada parte por separado para que resulte más fácil comprenderlo.

En el proceso de comparación por pares se tratará de ofrecer un subconjunto de referencia de alternativas a los decisores para que las valoren, y con esa opinión (u ordenación) de grupo, se podrá establecer un orden de las mismas y compararlas para formar una matriz de pares. Esta será la base del método y con la que se realizarán todos los cálculos. Como veremos más adelante, en realidad no es necesario que se de una utilidad a cada alternativa, sino que bastará con conocer las preferencias dos a dos de las mismas, es decir, dadas dos alternativas elegir la preferida.

Sean a y b dos alternativas del conjunto de referencia $\mathcal{S} \subset \mathcal{A}$. Definimos para cada decisor $i = 1, 2, \ldots, n$:

$$X_i^{ab} = u_i(a) - u_i(b),$$

donde u_i es una función de utilidad.

De este modo, $a \succeq_i b \iff X_i^{ab} \geq 0$. El vector que representa para todos los decisores las preferencias individuales entre a y b es $\mathbf{X}^{ab} = (x_1^{ab}, x_2^{ab}, \ldots, x_n^{ab})$. Para representar la preferencia del grupo entre estas dos opciones, se define la variable binaria Y^{ab} tal que:

$$Y^{ab} = \begin{cases} 1, & \text{si } a \succeq_g b \\ 0, & \text{si } a \prec_g b \end{cases}.$$

Si dos acciones son indiferentes para el grupo (denotado $a \sim_g b$), es decir, si $a \succeq_g b$ y $b \succeq_g a$ entonces $y^{ab} = y^{ba} = 1$.

Partiendo de un subconjunto $\mathcal{S} \subset \mathcal{A}$, que contiene m alternativas de las que se conocen tanto las preferencias individuales como las del grupo[1], estaremos llevando a cabo el proceso de agregación de preferencias con las preferencias individuales y además con la información obtenida del grupo. El método consigue una ordenación global de las alternativas (de todos los elementos del conjunto $\mathcal{A}$), sin tener ninguna información de grupo de las alternativas pertenecientes al subconjunto $\mathcal{A} - \mathcal{S}$, contando tan sólo con las utilidades individuales para este subconjunto de alternativas. Incluso no será necesario ordenar todas las acciones del conjunto $\mathcal{S}$, sino que bastará con proporcionar un conjunto de pares ordenados (véase 2.3).

Sin perder la generalidad, podemos asumir que las m alternativas ordenadas en $\mathcal{S}$ son:

$$a_1 \succeq_g a_2 \succeq_g \cdots \succeq a_m$$

Si comparamos cada par de alternativas en $\mathcal{S}$, obtendremos $m(m-1)/2$ vectores de datos:

$$(y^{a_k a_l}, x_1^{a_k a_l}, x_2^{a_k a_l}, \ldots, x_n^{a_k a_l}), k > l = 1, 2, \ldots, m - 1,$$

que podemos definir como matriz de diferencias y se utilizará para estimar y actualizar el parámetro $\boldsymbol{\beta} = (\beta_1, \beta_2, \ldots, \beta_n)$ en el modelo de regresión logística (véase McCullagh y Nelder [26] y Agresti [2]). La estimación puede obtenerse utilizando el método de máxima verosimilitud, y se denotará $\hat{\boldsymbol{\beta}}$. En el anexo A se presentará una descripción pormenorizada del método de regresión logística bayesiana del que a continuación tan sólo se enunciarán los resultados útiles para el método.

---

[1] Si no se alcanza un consenso de grupo sobre estas m acciones un mecanismo arbitrario externo deberá resolver el conflicto.

Tal y como viene definido por la regresión logística, aplicando la matriz de diferencias, π^{ab} mostrará las preferencias de grupo entre a y b:

$$\pi^{ab} = P[a \succeq_g b] = \frac{\exp(\boldsymbol{\beta}^T \mathbf{X}^{ab})}{1 + \exp(\boldsymbol{\beta}^T \mathbf{X}^{ab})}\,.$$

Como resultado de esta expresión se puede decir que:

- $\pi^{aa} = 1/2\,.$

- $\pi^{ab} \geq 1/2 \Longleftrightarrow a \succeq_g b\,.$

- $\pi^{ab} \leq 1/2 \Longleftrightarrow b \succeq_g a\,.$

- $\pi^{ab} = 1/2 \Longleftrightarrow a \sim_g b\,.$

Siguiendo las líneas marcadas previamente, se ha elegido la metodología bayesiana para aprovechar la información previa que tenemos sobre los parámetros que afectan al modelo. Para aplicarlo hay que introducir a las estimaciones de máxima verosimilitud la aportación de las distribuciones a priori. Podemos hacerlo mediante una estimación de la probabilidad π^{ab} que utiliza el parámetro $\hat{\boldsymbol{\beta}}$ calculado mediante la regresión logística bayesiana definida en la sección A.5. Se parte de una distribución a priori Normal con media 0 y varianza σ^2 para cada componente del vector de parámetros $\boldsymbol{\beta}$ y haciendo uso del método iterativo de Newton-Raphson (expuesto en el anexo A.2) se irán calculando los valores actualizados de los parámetros:

$$\hat{\boldsymbol{\beta}}^{(t+1)} = (\mathbf{B} - \lambda\mathbf{I})^{-1}(\mathbf{B}\hat{\boldsymbol{\beta}}^{(t)} - g(\hat{\boldsymbol{\beta}}^{(t)})),$$

donde los elementos de esta ecuación son:

$$\lambda = 1/\sigma^2\,,$$

$$\mathbf{B} = -\frac{1}{2}[\mathbf{I} - \mathbf{1}\mathbf{1}^T/m] \otimes \sum_{i=1}^{n} \mathbf{x}_i\mathbf{x}_i^T\,,$$

$$g(\boldsymbol{\beta}) = \sum_{i=1}^{n}(y_i - p_i(\boldsymbol{\beta})) \otimes \mathbf{x}_i\,.$$

Una vez alcanzada la estimación $\hat{\boldsymbol{\beta}}$ podemos calcular para cada par de alternativas la preferencia del grupo:

$$\hat{\pi}^{ab} = P[a \succeq_g b] = \frac{\exp(\hat{\boldsymbol{\beta}}^T X^{ab})}{1 + \exp(\hat{\boldsymbol{\beta}}^T X^{ab})}\,.$$

En este punto ya hemos conseguido definir una preferencia de grupo inducida por el método de comparación por pares basado en regresión logística bayesiana, denotado $a \succeq_g b$ para todo $a, b \in \mathcal{A}$. Gracias a este método podremos ordenar cualquier alternativa $c \in \mathcal{A}$, con posición desconocida en la ordenación del grupo.

2.3. Propiedades del método

Se describen a continuación algunas de las propiedades que caracterizan el método descrito.

1. Si no se pueden comparar todos los pares de alternativas de $\mathcal{S}$, pero si algunas de ellas, el método propuesto también es aplicable. De acuerdo a la fórmula de Freeman [15], debemos disponer de, al menos, $10(m + 1)$ observaciones (comparaciones entre alternativas), siendo m el número de decisores.

2. No es necesario conocer las utilidades individuales para cada alternativa. En este caso el método también es aplicable, definiendo:

$$x_i^{ab} = \begin{cases} 1, & \text{si } a \succeq_i b, \\ 0, & \text{si } a \prec_i b. \end{cases}$$

   Es decir, sólo necesitamos conocer la preferencia entre las alternativas, no es necesario conocer la función de utilidad de cada decisor.

3. Se satisfacen cuatro de los axiomas de Arrow [5]. El de independencia de alternativas irrelevantes y el de unanimidad de Pareto no se cumplen.

    a) *Orden débil.* La relación de orden, $\succeq_g$ inducida por el método de regresión logística para cada una de las diferentes alternativas $a \in \mathcal{A}$ es comparable, reflexiva, antisimétrica y transitiva. Es decir, $\succeq_g$ define un orden débil de preferencia en $\mathcal{A}$.

    b) *No trivialidad.* Para aplicar correctamente el método debe haber al menos dos miembros del grupo y tres alternativas.

    c) *Dominio universal.* Sea $\succeq_{\hat{g}}$ el orden de grupo estimado y $\succeq_g$ el orden real del grupo. El método ha sido diseñado para que $\succeq_{\hat{g}}$ esté definido sea cual sea $\succeq_1, \succeq_2, \ldots, \succeq_n$, y $\succeq_g$ sobre $\mathcal{S} \neq \emptyset$.

    d) *Independencia de alternativas irrelevantes.* Sea $\succeq_1, \succeq_2, \ldots, \succeq_n$ un conjunto de órdenes de preferencias individuales para una serie de alternativas en $\mathcal{A}$. Sea $\succeq_1', \succeq_2', \ldots, \succeq_n'$ otro conjunto de órdenes de preferencias individuales sobre un conjunto de alternativas en $\mathcal{A}'$. Supongamos que las alternativas a y b pertenecen a $\mathcal{A} \cap \mathcal{A}'$ y cumplen que:

$$a \succeq_i b \Leftrightarrow a \succeq_i' b,$$

$$b \succeq_i a \Leftrightarrow b \succeq_i' a.$$

   Entonces la constitución debe llevar a la misma preferencia de grupo entre a y b. En nuestro caso como la agregación de preferencias depende de la muestra inicial de pares elegida, se puede partir de distinta información. Esto conlleva que los resultados de $\succeq_g$ puede que no sean los mismos.

e) *Principio de unanimidad de Pareto.* Si todos los individuos creen que $a \succeq_i b$, entonces el grupo mantiene $a \succeq_{\hat{g}} b$.

El orden $\succeq_g$ inducido por la regresión logística no siempre satisface este axioma. No se cumple en el caso de que algún parámetro β_i asociado a la regresión sea negativo, en caso de que sean no negativos si se cumplirá. De este modo, si se aplica una restricción a los parámetros para que sólo puedan tomar valores positivos se cumplirá siempre el principio de Pareto.

f) *Ausencia de dictadores.* En este método no hay ningún individuo cuyas preferencias se conviertan automáticamente en las preferencias del grupo, sin tener en cuenta las preferencias de los demás individuos. Se asume que no hay ningún dictador al definir las preferencias de grupo en $\mathcal{S}$.

4. Podemos considerar como función de utilidad aditiva generalizada de grupo:

$$u_g(\cdot) = \sum_{i=1}^{n} \hat{\beta}_i u_i(\cdot),$$

siempre que los parámetros $\hat{\beta}_1, \hat{\beta}_2, \ldots, \hat{\beta}_n$ sean no negativos. El estimador de máxima verosimilitud (MV) $\hat{\boldsymbol{\beta}}$ consigue valores de $\hat{\pi}^{ab}$ cercanos a y^{ab}. Esto implica que en general $\hat{\boldsymbol{\beta}}$ no intenta estimar los parámetros de la función de utilidad del grupo, sino que trata de estimar valores de $\hat{\boldsymbol{\beta}}$ que obtengan valores para $\hat{\pi}^{ab}$ próximos a 0 ó 1.

5. Si existe una función de utilidad aditiva del grupo, es decir, que $a \succeq_g b \Leftrightarrow \lambda_1 u_1(a) + \lambda_2 u_2(a) + \cdots + \lambda_n u_n(a) \geq \lambda_1 u_1(b) + \lambda_2 u_2(b) + \cdots + \lambda_n u_n(b)$, entonces $\succeq_g$ es equivalente a $\succeq_{\hat{g}}$. Demostración: Sea $\hat{\beta}_i(N) = N\lambda_i$, $N = 1, 2, \ldots$, para $i = 1, 2, \ldots, n$. Entonces, para todo $a, b \in \mathcal{A}$,

$$\lim_{N \to \infty} \frac{\exp \hat{\boldsymbol{\beta}}(N)^T \mathbf{X}^{ab}}{1 + \exp \hat{\boldsymbol{\beta}}(N)^T \mathbf{X}^{ab}} = \begin{cases} 0, & \text{si } \sum_{i=1}^{n} \lambda_i u_i(a) < \sum_{i=1}^{n} \lambda_i u_i(b) \\ 1/2, & \text{si } \sum_{i=1}^{n} \lambda_i u_i(a) = \sum_{i=1}^{n} \lambda_i u_i(b) \\ 1, & \text{si } \sum_{i=1}^{n} \lambda_i u_i(a) > \sum_{i=1}^{n} \lambda_i u_i(b) \end{cases}$$

Para $i = 1, 2, \ldots, n$, $\hat{\beta}_i(N) = N\lambda_i$, $N = 1, 2, \ldots$, es una secuencia de parámetros que tiende al estimador máximo verosímil. Además, cuando se aplica regresión logística, aparecen estimaciones grandes $\hat{\beta}_i$, $i = 1, 2, \ldots, n$. Evidentemente con estos parámetros, se mantiene que $a \succeq_g b$ si y sólo si $a \succeq_{\hat{g}} b$ para todo $a, b \in A$.

6. Si existe alguna i tal que $\forall a, b \in \mathcal{S}$, $a \succeq_g b \Leftrightarrow a \succeq_i b$, es decir, que el decisor i pueda ser un dictador sobre $(\mathcal{S}, \succeq_g)$, entonces también podría ser un dictador sobre $(\mathcal{A}, \succeq_{\hat{g}})$. Es por esto que previamente a estimar los parámetros de la

regresión, es necesario comprobar que no existe ningún dictador sobre $(\mathcal{S}, \succeq_g)$, para poder satisfacer el axioma "f" de Arrow.

7. $\succeq_g$ es invariante respecto a transformaciones afines positivas de la función de utilidad u_i. Se puede probar del siguiente modo: Sea $u'_i = \alpha_i u_i + \gamma_i$, $\alpha_i > 0$, $i = 1, 2, \ldots, n$. Luego $x'^{ab}_i = \alpha_i x^{ab}_i$, para todo $a, b \in A$. Si $\hat{\beta}_1/\alpha_1, \ldots, \hat{\beta}_n/\alpha_n$ son los componentes de la estimación MV para el modelo, con funciones de utilidad u_i. Entonces, $\hat{\pi}'^{ab} = \hat{\pi}^{ab}$ y $\succeq_g$ no se ve afectada por la transformación afín positiva de las funciones de utilidad.

2.4. Implementación

Tal y como se ha ido mencionando a lo largo del documento, las nuevas tecnologías van a jugar un papel muy importante en la toma de decisiones. Prueba de ello es la aplicación que se ha desarrollado en el grupo de investigación DIB (Decisión e Inferencia Bayesianas), y que permite realizar todo el proceso de toma de decisiones de forma asíncrona. Se puede incluir en entornos web gracias a su desarrollo en Java, lo que dota de una gran flexibilidad a todo el proceso de decisión en grupo.

La aplicación DIB se ha creado para poder llevar a cabo todo el proceso de un modo más sencillo y visual. Esta aplicación resuelve el problema de agregación de preferencias siguiendo el método de comparación por pares descrito anteriormente en la sección 2.2. Partiendo de un conjunto de decisores y alternativas, y conociendo para estos la ordenación de grupo, se calculan los pesos necesarios para ordenar las nuevas alternativas que vayan surgiendo. A continuación se exponen unas breves indicaciones generales que describen los pasos a seguir con la aplicación.

El software inicialmente tiene el aspecto que aparece en la figura 2.1. En la mitad superior se encuentra la zona de datos, y en la inferior están los resultados, la modificación de parámetros, el orden inicial y el obtenido finalmente.

Los datos iniciales se cargan manualmente o desde fichero de texto utilizando el menú *Archivo* mostrado en la figura 2.2 o con el botón *Abrir*. Debe incluir como información inicial el número de decisores, las prioridades de los mismos ante las alternativas iniciales y el orden de grupo ante dichas alternativas. En la imagen 2.3 se puede observar la aplicación con datos iniciales cargados.

Además se rellena también automáticamente la matriz de estimación total de preferencias. Esta matriz indica con 0.5 si dos alternativas son indiferentes, con 0 si es preferida la segunda alternativa (la de las columnas), y con 1 si es preferida la primera (la de las filas). También se puede ver la preferencia del grupo para estas alternativas.

El siguiente paso, tal y como se define en el método, es ejecutar el algoritmo de comparación por pares y obtener las estimaciones $\hat{\beta}_i$. Para ello se utiliza el método bayesiano que nos permite modificar ciertos valores en base a la información a priori que tengamos, y así obtener diferentes resultados. Las opciones son:

- Estimarlos directamente partiendo de un vector inicial de parámetros igual a

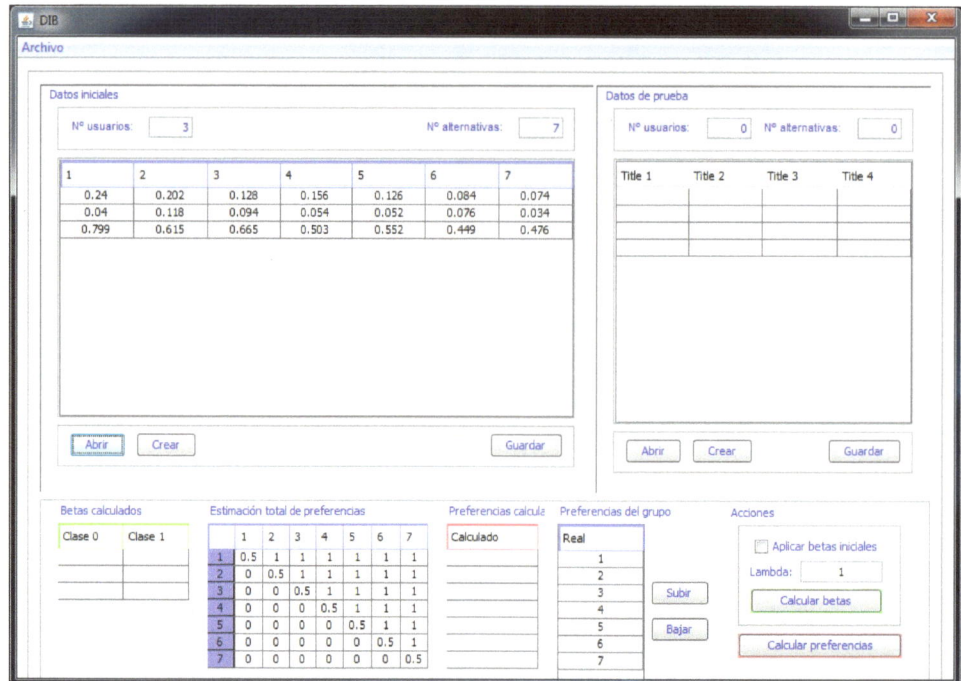

Figura 2.1: *Aplicación DIB*

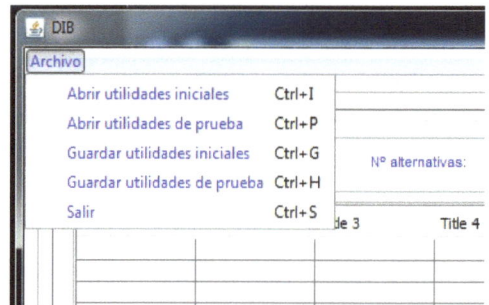

Figura 2.2: *Menú de introducción de datos*

1. Esto se realiza simplemente pulsando *Calcular betas* sin modificar ningún valor.

- Introducir manualmente unos pesos iniciales y, marcando la casilla que así lo indica, obtener la estimación de los pesos partiendo de estos valores iniciales.

- Modificar el valor de λ, que es el inverso de la varianza de la distribución a priori que siguen los parámetros β. Según hemos definido anteriormente la distribución a priori era una Normal, por lo que modificando la varianza variarán los resultados de las estimaciones. Por ejemplo, poniendo una varianza muy pequeña se mantendrán todos cercanos a cero, pero si sabemos que no deben ser cercanos a cero podemos introducir una varianza mayor para que estén más dispersos.

Se puede observar el resultado del cálculo de la estimación de los parámetros en

Figura 2.3: *Datos iniciales*

la imagen 2.4.

| Betas calculados | |
Clase 0	Clase 1
-0.9537371415716744	0.9537371415716742
-0.24378687414478678	0.24378687414478656
-1.6450831617807937	1.6450831617807933

Figura 2.4: *Estimación de parámetros*

El siguiente paso es introducir las nuevas alternativas, de las que queremos saber cómo las ordenaría el grupo, partiendo de las utilidades individuales de cada decisor. Finalmente, haciendo uso de los parámetros anteriormente calculados, se estiman las preferencias del grupo y se muestran en la figura *Estimación de preferencias* 2.5.

2.5. Ejemplos ilustrativos

En esta sección se verán dos ejemplos que plasman el uso de los resultados teóricos obtenidos anteriormente. En el primero se obtienen los resultados con una distribución a priori $N(0, 1)$, y en el segundo se parte de dos distribuciones a priori distintas con las que se podrá observar la variación de los resultados obtenidos.

Estimación total de preferencias

	1	2	3	4	5	6	7	A	B	C
1	0.5	1	1	1	1	1	1	1	1	1
2	0	0.5	1	1	1	1	1	1	1	0
3	0	0	0.5	1	1	1	1	1	1	0
4	0	0	0	0.5	1	1	1	1	0	0
5	0	0	0	0	0.5	1	1	1	0	0
6	0	0	0	0	0	0.5	1	0	0	0
7	0	0	0	0	0	0	0.5	0	0	0
A	0	0	0	0	0	1	1	0.5	0	0
B	0	0	0	1	1	1	1	1	0.5	0
C	0	1	1	1	1	1	1	1	1	0.5

Preferencias calculadas

Calculado
1
C
2
3
B
4
5
A
6
7

Figura 2.5: *Estimación de preferencias*

2.5.1. Distribución a priori $N(0,1)$

Supongamos que tres concejales constituyen un comité para analizar diferentes ofertas sobre un servicio específico en una ciudad. La clasificación de siete ofertas es conocida por experiencias anteriores, es decir, $\mathcal{S}$ está compuesto por siete alternativas para las que se conocen las preferencias del grupo. Cada concejal tiene su propia función de utilidad para este tipo de ofertas y puede ser aplicada para nuevas ofertas. De todos modos el orden del grupo para futuras ofertas es desconocido, así que el objetivo es alcanzar una ordenación de grupo que incluya las nuevas alternativas.

Las preferencias individuales para las alternativas iniciales ya conocidas es la que se muestra en la figura 2.6.

Datos iniciales

Nº usuarios: 3   Nº alternativas: 7

1	2	3	4	5	6	7
0.24	0.202	0.128	0.156	0.126	0.084	0.074
0.04	0.118	0.094	0.054	0.052	0.076	0.034
0.799	0.615	0.665	0.503	0.552	0.449	0.476

Figura 2.6: *Matriz de datos*

En este caso, antes de introducir los datos en el software, ya se ha denominado a cada alternativa según su orden en la preferencia de grupo, es decir, a la más preferida a_1 y a la menos preferida a_7. De este modo se han introducido ordenadas para que resulte más sencillo observar los pasos del proceso. Así pues la ordenación es:

$$a_1 \succeq_g a_2 \succeq_g a_3 \succeq_g a_4 \succeq_g a_5 \succeq_g a_6 \succeq_g a_7.$$

Esto también queda reflejado en la comparación de todos los pares que se muestra en la figura 2.7

Estimación total de preferencias

	1	2	3	4	5	6	7
1	0.5	1	1	1	1	1	1
2	0	0.5	1	1	1	1	1
3	0	0	0.5	1	1	1	1
4	0	0	0	0.5	1	1	1
5	0	0	0	0	0.5	1	1
6	0	0	0	0	0	0.5	1
7	0	0	0	0	0	0	0.5

Figura 2.7: *Estimación de preferencias*

Utilizando estos datos, se ejecuta el método obteniendo las estimaciones de máxima verosimilitud $\hat{\beta}_1 = 0{,}9537$, $\hat{\beta}_2 = 0{,}2438$, $\hat{\beta}_3 = 1{,}6451$, que nos permitirán ordenar nuevas alternativas según las preferencias del grupo.

Al introducir tres nuevas alternativas en el problema, de las cuales no se conoce la decisión del grupo, los concejales le dan su utilidad individual. Se han cargado también estas utilidades en el software (figura 2.8).

Datos de prueba

Nº usuarios: 3   Nº alternativas: 3

A	B	C
0.082	0.168	0.168
0.01	0.076	0.0040
0.516	0.6	0.691

Figura 2.8: *Datos de prueba*

Con las utilidades y los estimadores calculados anteriormente se puede establecer un nuevo orden de grupo que incluya las alternativas más recientes dentro del orden de las que teníamos previamente. Para ello se obtiene la estimación $\hat{\pi}^{ab}$ para todos los pares posibles. Se muestran los resultados de la comparación en la matriz de la figura 2.9, y el nuevo orden de preferencias sería el siguiente:

$$a_1 \succeq_g a_C \succeq_g a_2 \succeq_g a_3 \succeq_g a_B \succeq_g a_4 \succeq_g a_5 \succeq_g a_A \succeq_g a_6 \succeq_g a_7 \,.$$

2.5.2. Distribución a priori $N(0, \lambda)$

El método utilizado está basado en regresión logística bayesiana. Es por esto que en base a los conocimientos a priori que tengamos sobre los parámetros que afectan

Estimación total de preferencias

	1	2	3	4	5	6	7	A	B	C
1	0.5	1	1	1	1	1	1	1	1	1
2	0	0.5	1	1	1	1	1	1	1	0
3	0	0	0.5	1	1	1	1	1	1	0
4	0	0	0	0.5	1	1	1	1	0	0
5	0	0	0	0	0.5	1	1	1	0	0
6	0	0	0	0	0	0.5	1	0	0	0
7	0	0	0	0	0	0	0.5	0	0	0
A	0	0	0	0	0	1	1	0.5	0	0
B	0	0	0	1	1	1	1	1	0.5	0
C	0	1	1	1	1	1	1	1	1	0.5

Figura 2.9: *Estimación de preferencias final*

al modelo, podemos modificar los cálculos fijando una distribución a priori. En el ejemplo anterior se ha utilizado la distribución normal estándar para los parámetros β, con media 0 y varianza 1. Vamos a probar a continuación a modificar la distribución a priori, con el mismo problema, estableciendo una varianza mayor que permitirá que los parámetros estimados tomen valores más alejados de la media (cero en nuestro caso).

Probaremos con $\sigma = 10$ y con $\sigma = 100$ para ver las diferencias que surgen entre los parámetros y las diferencias en la ordenación final.

Para $\sigma = 10$ tendremos que $\lambda = 1/\sigma^2 = 0{,}01$. Introduciendo este valor en el software de decisión, tenemos las estimaciones de los parámetros $\hat{\beta}_1 = 12{,}2588$, $\hat{\beta}_2 = 7{,}0533$, $\hat{\beta}_3 = 1{,}6451$. El resultado del orden de grupo se obtendría a la vista de la matriz que aparece en la figura 2.10, y quedaría definido por:

$$a_1 \succeq_g a_2 \succeq_g a_C \succeq_g a_3 \succeq_g a_B \succeq_g a_4 \succeq_g a_5 \succeq_g a_A \succeq_g a_6 \succeq_g a_7 \,.$$

Estimación total de preferencias

	1	2	3	4	5	6	7	A	B	C
1	0.5	1	1	1	1	1	1	1	1	1
2	0	0.5	1	1	1	1	1	1	1	1
3	0	0	0.5	1	1	1	1	1	1	0
4	0	0	0	0.5	1	1	1	1	0	0
5	0	0	0	0	0.5	1	1	1	0	0
6	0	0	0	0	0	0.5	1	0	0	0
7	0	0	0	0	0	0	0.5	0	0	0
A	0	0	0	0	0	1	1	0.5	0	0
B	0	0	0	1	1	1	1	1	0.5	0
C	0	0	1	1	1	1	1	1	1	0.5

Figura 2.10: *Preferencias para $\sigma = 10$*

Para $\sigma = 100$ tendremos que $\lambda = 1/\sigma^2 = 0{,}0001$. La estimación de los parámetros será $\hat{\beta}_1 = 32{,}2274$, $\hat{\beta}_2 = 19{,}9930$, $\hat{\beta}_3 = 8{,}2774$. En este caso tendríamos la matriz que aparece en la figura 2.11 y el orden final sería:

$$a_1 \succeq_g a_2 \succeq_g a_B \succeq_g a_3 \succeq_g a_C \succeq_g a_4 \succeq_g a_5 \succeq_g a_6 \succeq_g a_A \succeq_g a_7 \,.$$

Estimación total de preferencias

	1	2	3	4	5	6	7	A	B	C
1	0.5	1	1	1	1	1	1	1	1	1
2	0	0.5	1	1	1	1	1	1	1	1
3	0	0	0.5	1	1	1	1	1	0	1
4	0	0	0	0.5	1	1	1	1	0	0
5	0	0	0	0	0.5	1	1	1	0	0
6	0	0	0	0	0	0.5	1	1	0	0
7	0	0	0	0	0	0	0.5	0	0	0
A	0	0	0	0	0	0	1	0.5	0	0
B	0	0	1	1	1	1	1	1	0.5	1
C	0	0	0	1	1	1	1	1	0	0.5

Figura 2.11: *Preferencias para $\sigma = 100$*

Se puede observar que dependiendo de la distribución a priori elegida van cambiando los parámetros estimados y con ellos el orden de grupo. Al pasar de $\sigma = 1$ a $\sigma = 10$ la diferencia en el orden no es muy grande, tan sólo cambia la alternativa a_C y la alternativa a_2 de orden. Al pasar a tener $\sigma = 100$ cambia sustancialmente la situación ya que en el orden de grupo pasa a ser preferida la alternativa a_B en tercer lugar y la a_C en el quinto. La a_A también cambia su posición, pero se mantiene entre las menos preferidas para el grupo.

Realmente las alternativas a_B y a_C tienen unas utilidades muy parecidas para cada uno de los concejales que las valoran, por lo que sería lógico que estuvieran muy cercanas dentro de la ordenación del grupo. Sin embargo, se ha podido observar que con pequeñas variaciones de la información a priori cambia el orden sustancialmente.

Para ajustar los modelos con el software habrá que ir descubriendo la distribución de los parámetros mediante pruebas que traten de ajustar los valores obtenidos a los resultados conocidos. En este caso parece que al aumentar la varianza obtendríamos resultados más acertados.

Capítulo 3

CLASIFICACIÓN DE IMÁGENES

Índice

Los métodos estudiados en este proyecto fin de máster tienen como tema central la Toma de Decisiones, pero en este capítulo vamos a desarrollar una modificación específica para resolver problemas del campo de la visión artificial. La búsqueda y clasificación de imágenes por su contenido semántico centrará los siguientes apartados.

En este capítulo se definen el concepto y las técnicas utilizadas para el reconocimiento de patrones, así como algunos resultados que mostrarán los altos porcentajes de acierto conseguidos con el método.

3.1. Reconocimiento de patrones

El reconocimiento de patrones es el área científica que se encarga principalmente de la clasificación de objetos en un número determinado de clases o categorías. Es común referirse a estos objetos como patrones, del término inglés *pattern*, y así nos referiremos en adelante (aunque no sea el concepto más adecuado, pues en castellano patrón suele significar modelo o guía). Podríamos reducir el problema de reconocimiento a una tarea de clasificación o categorización donde las clases, o bien se definen por el diseñador del sistema (en una clasificación supervisada), o se aprenden en base a similitud entre patrones (en una clasificación no supervisada).

El desarrollo de las técnicas de reconocimiento de patrones está fuertemente relacionado con los grandes avances en las tecnologías de la información, que han sufrido un aumento sin precedentes tanto en el volumen de datos como en su flujo. Esta enorme cantidad de datos desborda la capacidad humana de comprenderlos y de analizarlos manualmente, lo que hace que sean los sistemas expertos los que tomen las decisiones. Esta tendencia ha convertido el reconocimiento de patrones en una importante herramienta para las aplicaciones e investigaciones actuales de análisis inteligente de datos. De hecho es una parte integral en los sistemas de inteligencia artificial para la toma de decisiones, tal y como aparece en Theodoridis y Koutroumbas [36].

El reconocimiento de patrones tiene una importante aplicación en el área de la visión artificial. Tal y como muestra la tabla 3.1, existen muchos campos de conocimiento donde se aplican sus técnicas.

Dominio del problema	Aplicación
Bioinformática	Análisis de secuencias
Minería de datos	Extracción de conocimiento
Clasificación de documentos	Búsqueda de documentos en Internet
Visión artificial	Clasificación de imágenes
Recuperación en bases de datos multimedia	Búsqueda en Internet
Reconocimiento biométrico	Identificación personal
Reconocimiento de voz	Consulta en un directorio automático de teléfonos
Patrón de Entrada	**Clases**
Secuencia de ADN	Tipos conocidos de genes
Puntos en un espacio multidimensional	Grupos bien definidos y compactos
Documento de texto	Categorías semánticas (por ej. negocios, deportes, etc.)
Imagen digital	Categorías de imágenes
Ficheros de video, música, etc.	Categorías de vídeo, música, etc.
Cara, iris, huella digital	Usuarios autorizados para el control de acceso
Onda de sonido	Palabras habladas

Tabla 3.1: *Ejemplo de aplicaciones*

En términos estadísticos, cada patrón se representa como un vector de m características o atributos. El objetivo es definir una regla con las características que permita que los patrones se asignen a categorías diferentes ocupando regiones disjuntas y compactas en el espacio de características m-dimensional como se expone en Jai et al. [22] y Schürmann [33].

3.2. Características extraídas

Lo primero que se necesita para evaluar las imágenes son los datos extraídos de las mismas. Aunque no es un objetivo de este proyecto estudiar los tipos de características de las imágenes digitales ni su obtención y significado, para facilitar al lector la comprensión de este documento se describirán brevemente las variables obtenidas de las imágenes digitales.

El software utilizado, *Qatris Imanager*, ha sido desarrollado por la *spin-off* de la Universidad de Extremadura Sicubo S.L., con la participación de los grupos de investigación DIB (Decisión e Inferencia Bayesiana) y GIM (Grupo de Ingeniería de Medios).

El programa permite la extracción de tres conjuntos de características: color, textura y forma. Dado que las características de textura y forma no son tan intuitivas ni están tan estandarizadas a nivel científico como las de color, utilizaremos estas últimas para realizar todos los análisis.

Los parámetros de la percepción del color son la luminosidad, el tono, y la saturación. Para obtener una imagen habrá que transformar primero los parámetros cromáticos en eléctricos. Esto puede realizarse de distintas maneras dando lugar a los diversos espacios de color definidos por de la Escalera [11]. Para la extracción de las características de color necesarias para este trabajo, se ha empleado el modelo de color HSV (*Hue Saturation Value*), para lo que ha sido necesaria la utilización de un algoritmo de conversión del modelo RGB (*Red Green Blue*) a HSV. Ambos, HSV y RGB, son los espacios de color más utilizados y representativos, ya que representan el color en términos de valores de intensidad.

El modelo de color RGB está compuesto por los colores primarios rojo, verde y azul. Este sistema define el modelo que se utilizaba por ejemplo en los monitores CRT o actualmente en las pantallas LCD. La suma de distintas cantidades de estos colores primarios da lugar al color deseado. El modelo de color HSV (mostrado en la figura 3.1) está basado en los utilizados en pintura (matiz, sombra y tono). El sistema de coordenadas es un cono hexagonal donde los valores representan la intensidad de un color. El matiz y la saturación están íntimamente relacionados con la manera que tenemos los humanos de percibir los colores. Como el matiz varia desde 0 a 1 (ó de 0º a 360º), los correspondientes valores varían desde el rojo, por el amarillo, verde, cian, azul, magenta y vuelta al rojo, por lo que habrá valores del rojo que tengan valor 0 y 1. La saturación varía del 0 al 1, los correspondientes valores de matiz variarán desde los insaturados (sombras de gris) hasta los saturados (sin componente de blanco). El valor, o brillo, varía desde el 0 al 1 incrementando el brillo del color.

Las características de color utilizadas para nuestro estudio se pueden dividir en tres grupos. En primer lugar, tendríamos el porcentaje para cada uno de los 15 colores principales: blanco, gris, negro, rojo, rojo-amarillo, amarillo, amarillo-verde, verde, verde-cian, cian, cian-azul, azul, azul-rosa, rosa y rosa-rojo. En segundo lugar, tendríamos el centroide asociado a cada color, y que viene dado por dos características para cada uno de ellos: coordenada x y coordenada y. Estas características in-

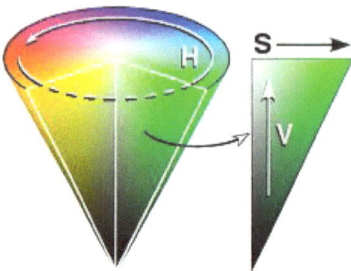

Figura 3.1: *Cono de representación de colores HSV*

dicarían en qué punto de la imagen se encuentra centrado un determinado color. Por último, tendríamos las 15 características que indicarían el porcentaje de desviación media con respecto al centroide de cada color. Por tanto, en total tendríamos 60 (15×4) características de color. La figura 3.2 representa de forma gráfica el valor de estas características para una imagen de ejemplo.

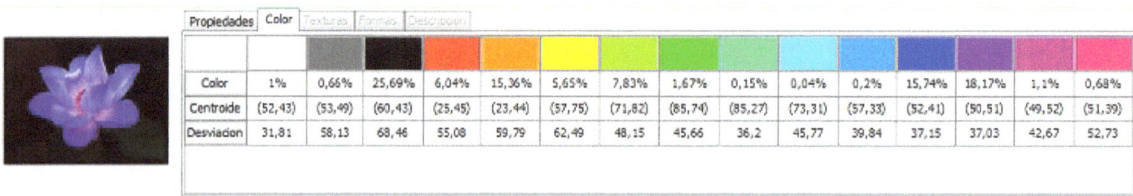

Figura 3.2: *Características de color*

3.3. Clasificación de patrones

Un módulo de clasificación de patrones requiere de una fase de entrenamiento y una posterior de prueba del clasificador. En la primera fase se determina un conjunto de patrones que el clasificador empleará. Posteriormente se asignará un patrón de prueba en una u otra clase en función de sus características. El entrenamiento, y por tanto el clasificador resultante, pueden ser de dos tipos: supervisado o no supervisado. Si se trata de un entrenamiento supervisado, se requiere un conjunto de patrones de los que se conoce su clase a priori. De esta forma, el sistema conoce cuáles son las clases disponibles y además, dispone de un conjunto de ejemplos de cada una de ellas. Si el entrenamiento es no supervisado, tanto los patrones de entrenamiento como los de prueba carecen de una clasificación previa, es decir, el sistema desconoce cuáles son las clases disponibles inicialmente.

En este trabajo aplicaremos un método de clasificación supervisado como es el modelo de regresión multinomial, en el que se estima la probabilidad de un elemento de pertenecer a cada clase en función de un conjunto de variables explicativas (véase Peña [28] y Gelman et al. [18]). Las técnicas de regresión múltiple consisten en estudiar la relación entre una variable respuesta y las variables explicativas. Para estudiar este tipo de relaciones entre la variable respuesta y un conjunto de variables regresoras, se utilizan diferentes tipos de modelos, siendo el más utilizado el modelo logístico, que se ha definido en el anexo A. Con la regresión logística y el Método de Comparación por Pares de la sección 2.2, podemos obtener un potente clasificador simplemente cambiando la definición de variables y adaptando algunos conceptos.

Vamos a ver a continuación las características específicas que requiere la clasificación de imágenes a partir del método ya descrito.

3.4. Adaptación del método

Los métodos expuestos en el capítulo anterior se aplicarán en este capítulo para la resolución de problemas con imágenes, enfocándose desde dos puntos de vista:

1. Clasificación en diferentes grupos.

2. Búsqueda por similitud.

La clasificación de imágenes en grupos o categorías nos permite clasificar imágenes de forma automática, una vez que se haya realizado un entrenamiento inicial del sistema. Este problema se puede resolver haciendo uso de la metodología de regresión logística bayesiana multinomial definida en el anexo en la sección A.4.

Por otra parte, el problema de búsqueda por similitud teniendo en cuenta el contenido semántico (CBIR, *Content Based Image Retrieval*), no se reduce a una distancia simple o diferencia entre las características de las imágenes. Intenta tener en cuenta el contenido apreciado por el decisor y utilizarlo para construir un modelo que discrimine si las imágenes son parecidas y en qué grado. Esto se reduce nuevamente a un problema de clasificación en el que tenemos dos clases (parecido y no parecido), con diferentes grados de similitud expresados en el intervalo [0,1], siendo 0 nada parecido y 1 idéntico. Para resolverlo utilizaremos el método de comparación por pares de la sección 2.2.

3.4.1. Clasificación de imágenes

La adaptación de los modelos definidos en apartados anteriores es un simple cambio de concepto a la hora de interpretar cada elemento del método. En el sistema que estamos tratando, el proceso comienza con la carga de un conjunto de imágenes $\mathcal{A}$ y la extracción de las características de color que las representan. Las características se almacenan en una matriz de datos $\mathbf{X}$, que incluye 15 variables de color, 15×2 de posición y 15 de desviación, es decir, 60 valores en total por cada imagen. A partir de este punto diferenciamos entre clasificación y búsqueda por similitud.

Para la clasificación de las imágenes se utiliza un método supervisado, es decir, el usuario debe establecer un número de clases K para las r imágenes con las que se va a entrenar el clasificador. Esta clasificación se representa en una matriz $\mathbf{Y}$ con:

$$y_{ij} = \begin{cases} 0, & \text{Si el elemento } x_i \text{ pertenece a la clase } j \\ 1, & \text{Si el elemento } x_i \text{ no pertenece a la clase } j \end{cases},$$

$i = 1, 2, \ldots, r \; ; j = 1, 2, \ldots, K.$

Una vez que se tiene la preclasificación, se puede aplicar el método de regresión logística multinomial definido para la toma de decisiones, pero en este caso la matriz de datos estará formada por los valores que toman las características de las imágenes en lugar de las utilidades utilizadas previamente. Los parámetros del modelo se incluyen en la matriz $\boldsymbol{\beta} = (\beta_1, \beta_2, \ldots, \beta_K)$, en donde cada columna es el vector de parámetros asociado a cada una de las clases. Los parámetros se estiman y actualizan mediante la fórmula expuesta en la sección del anexo A.2:

$$\hat{\boldsymbol{\beta}} = \hat{\boldsymbol{\beta}}_0 + (\mathbf{X}^T \hat{\mathbf{W}} \mathbf{X})^{-1} \mathbf{X}^T (\mathbf{Y} - \hat{\mathbf{Y}}).$$

Con esto termina el entrenamiento. El último paso consiste en asignar las nuevas imágenes que entren en el sistema a una de las clases establecidas. Para ello se calcula la probabilidad de pertenencia de las imágenes a cada una de las clases y se asigna a la que mayor probabilidad presente. Para ello se utilizará la probabilidad de que el elemento i pertenezca a la clase k:

$$p(y_{ik} = 1 | \mathbf{x}_i, \boldsymbol{\beta}) = \frac{\exp\left(\boldsymbol{\beta}_k^T \mathbf{x}_i\right)}{\displaystyle\sum_{j=1}^{K} \exp\left(\boldsymbol{\beta}_j^T \mathbf{x}_i\right)}$$

Tras el proceso de clasificación, el sistema puede consultar al usuario sobre la exactitud de la clasificación y así se podrá corregir algún error en caso de que exista. Una vez supervisadas las imágenes clasificadas, éstas se incorporan a la matriz de datos y se recalculan los parámetros del modelo consiguiendo de este modo un aprendizaje interactivo.

3.4.2. Búsqueda por similitud

Al igual que se ha definido para la clasificación de imágenes, el primer paso que se realiza es la carga de las imágenes en el sistema y la extracción de características, obteniendo como resultado la matriz de datos $\mathbf{M}$.

A continuación el usuario debe evaluar r pares de imágenes para determinar si son similares o no. Con esta información se crea una muestra sobre la que comenzar a estimar los parámetros del modelo. Si el usuario no realiza la preclasificación se necesitará al menos que las imágenes estén clasificadas por carpetas, para asignar el valor 1 cuando se comparan dos imágenes pertenecientes a la misma clase o carpeta, y 0 a cuando se pertenezcan a diferentes carpetas.

Si definimos d_i como la función distancia que modela la discrepancia o disimilitud entre imágenes con respecto a la característica i-ésima. Para cada par de imágenes (a, b), calcularemos las variables independientes para el método de regresión logística como:

$$\mathbf{X}^{ab} = (d_1(a,b), d_2(a,b), \ldots, d_{60}(a,b)) \,.$$

Como d_i son distancias, estas variables serán semidefinidas positivas. Por otra parte la variable dependiente Y^{ab} es dicotómica tomando los valores indicados por el experto o por la preclasificación, es decir, toma el valor 0 si las imágenes a y b son similares y 1 si las imágenes son diferentes.

En este momento ya tendremos construida la matriz de pares $\mathbf{X}$, que consta de las comparaciones de r pares y su clasificación si las imágenes son parecidas o no. A continuación, se aplica la regresión logística con dicha matriz de datos $\mathbf{X}$.

Los parámetros del modelo se calculan siguiendo el método de la sección 2.2, por el que obtenemos la actualización iterativa:

$$\hat{\boldsymbol{\beta}}^{(t+1)} = (\mathbf{B} - \lambda\mathbf{I})^{-1}(\mathbf{B}\hat{\boldsymbol{\beta}}^{(t)} - g(\hat{\boldsymbol{\beta}}^{(t)})).$$

Se definen los elementos de esta ecuación:

$$\lambda = 1/\sigma^2 \,,$$

$$\mathbf{B} = -\frac{1}{2}[\mathbf{I} - \mathbf{1}\mathbf{1}^T/m] \otimes \sum_{i=1}^{n} \mathbf{x}_i\mathbf{x}_i^T \,,$$

$$g(\boldsymbol{\beta}) = \sum_{i=1}^{n} (y_{ij} - p_i(\boldsymbol{\beta})) \otimes \mathbf{x}_i \,.$$

Una vez calculados los parámetros podemos evaluar la similitud entre dos imágenes a y b mediante la probabilidad:

$$\pi^{ab} = \frac{\exp(\boldsymbol{\beta}^T\mathbf{X}^{ab})}{1 + \exp(\boldsymbol{\beta}^T\mathbf{X}^{ab})} \,,$$

- $\pi^{aa} = 1/2 \,.$

- $\pi^{ab} \neq 1/2 \Longleftrightarrow a$ y b no son iguales.

- $\pi^{ab} = 1/2 \Longleftrightarrow a \sim_g b \,.$

Para que dos imágenes $a, b \in \mathcal{A}$ se consideren parecidas, debe ser $\hat{\pi}_{ab}$ cercano a $1/2$, o lo que es lo mismo, $\boldsymbol{\beta}^t\mathbf{X}^{ab} \to 0$. Por esto podemos considerar

$$d_g(\cdot) = \sum_{i=1}^{n} \beta_i X_i^{ab} = \sum_{i=1}^{n} \beta_i d_i(\cdot) \,,$$

como la medida final de discrepancia entre imágenes. Siempre hay que tener en cuenta que d_g no es una distancia, ya que los parámetros β_i pueden ser negativos.

3.5. Ejemplos ilustrativos

Se realizarán dos experimentos, uno para clasificar imágenes y otro para búsqueda por similitud. En el primero se aplicará el método de regresión logística bayesiana, mientras que en el segundo se le añade el de comparación por pares.

El sistema real donde se ha integrado el método desarrollado y con el que se harán las pruebas es el software *Qatris Imanager*, perteneciente a la empresa Sicubo. *Qatris* constituye una tecnología que permite una mejor organización de documentos multimedia (texto, imagen, audio o vídeo). Incluye un novedoso sistema de indexación MRDB (*Multi Relational Data Base*), basado en un paradigma multidimensional que permite organizar la información en base a todos los puntos de vista que el usuario precise. En función de las características extraídas automáticamente de las imágenes, *Qatris* organiza las imágenes en categorías establecidas de forma manual o semiautomática. En este punto es donde se incluyen los métodos de clasificación planteados anteriormente.

3.5.1. Clasificación

El objetivo de este primer ejemplo es encontrar de la forma más eficiente la categoría de vídeo a la que pertenecen ciertas imágenes. Al tratarse el vídeo de una secuencia de imágenes, se toman fotogramas representativos o *keyframes* de cada secuencia y se trata de clasificar éstos utilizando un algoritmo originalmente ideado para CBIR.

Del software se extraerán los porcentajes individuales de clasificación de cada fotograma, basando los resultados en una tabla de aciertos construida en Java especialmente para este proyecto.

El proceso seguido para la realización de esta prueba ha sido:

1. Selección de fotogramas a utilizar, diferenciando entre *keyframes* para entrenamiento y para prueba.

2. Categorización de los mismos separándolos por carpetas.

3. Selección de un conjunto de clases y carga en *Qatris* para obtención de las características de color.

4. Creación de las clases a partir de las carpetas ya ordenadas previamente.

5. Ejecución del algoritmo de clasificación para la obtención de los parámetros.

6. Carga de las imágenes de prueba y clasificación.

7. Visualización de aciertos y fallos por imagen.

8. Informe con porcentaje de aciertos.

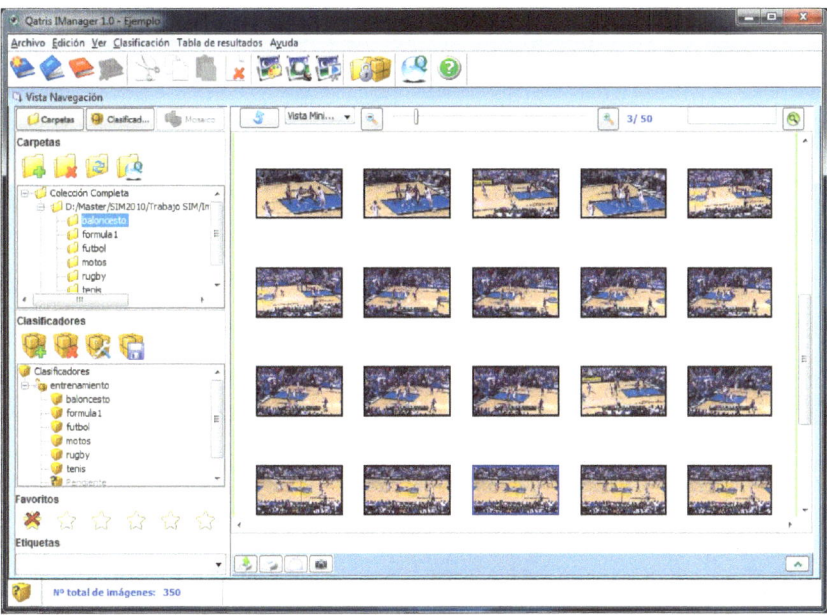

Figura 3.3: *Vista general de Qatris Imanager*

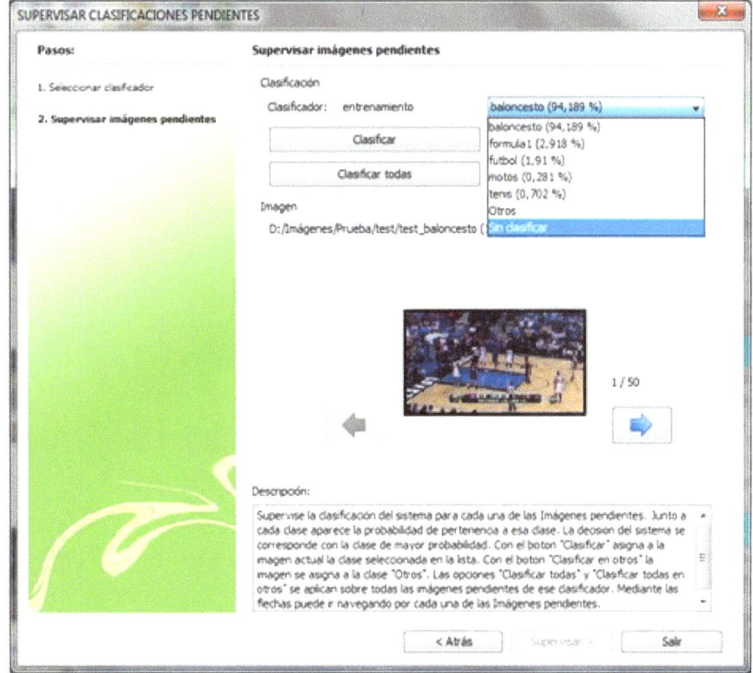

Figura 3.4: *Supervisión de la clasificación*

En total se han utilizado para el entrenamiento del clasificador 50 imágenes que representan a cada uno de los 7 deportes que se tratarán de identificar, es decir, un total de 350 imágenes cargadas en *Qatris*, se observa en la figura 3.3. Posteriormente para las pruebas se han utilizado 70 fotogramas.

Los fotogramas están separados en carpetas según los deportes: baloncesto, balonmano, fútbol, motociclismo, fórmula 1, tenis y rugby. Al cargarlos se clasifican automáticamente gracias a que están separados por carpetas. El proceso de entrenamiento finaliza con el cálculo de la matriz de parámetros $\hat{\boldsymbol{\beta}}$, y a partir de este momento ya puede comenzar la fase de pruebas para ver la efectividad del clasificador.

Las pruebas comienzan con la carga de los 70 *keyframes* seleccionados para tal fin. Al cargarlos se indica que se clasifiquen automáticamente y que posteriormente se muestre con qué porcentaje se ha asignado a cada clase de las disponibles. Se puede ir supervisando las imágenes una a una en la ventana de la imagen 3.4.

Con esta herramienta de supervisión podríamos ir viendo los aciertos o fallos de la clasificación uno a uno, pero para simplificar este trabajo se ha diseñado en Java, especialmente para este proyecto, una tabla de resultados. En ella se puede evaluar el porcentaje de aciertos y estudiar pormenorizadamente dónde se han producido los fallos. Como se muestra en la figura 3.5 los resultados obtenidos para la prueba realizada han obtenido un 92 % de acierto. Resulta un porcentaje considerablemente alto. Los fallos cometidos han recaído todos en la misma clase, confundiendo imágenes que son de tenis con las de rugby. Es lógico que esto pueda ocurrir por la presencia dle color verde producida por el césped que aparece en ambos deportes.

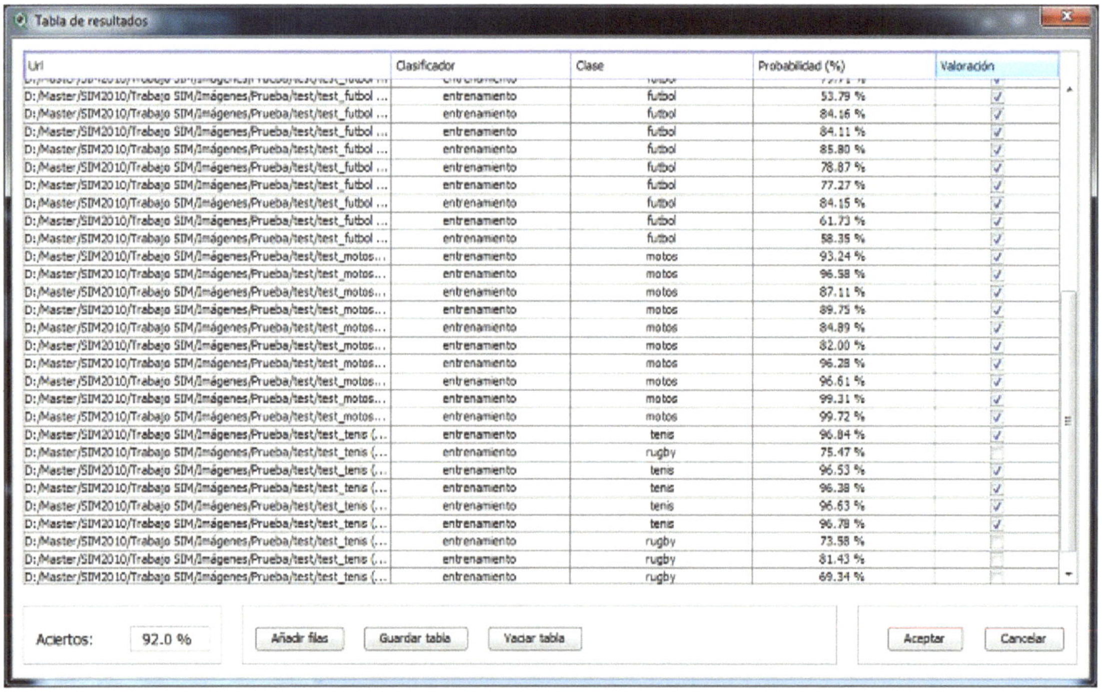

Url	Clasificador	Clase	Probabilidad (%)	Valoración
D:/Master/SIM2010/Trabajo SIM/Imágenes/Prueba/test/test_futbol ...	entrenamiento	futbol	53.79 %	✓
D:/Master/SIM2010/Trabajo SIM/Imágenes/Prueba/test/test_futbol ...	entrenamiento	futbol	84.16 %	✓
D:/Master/SIM2010/Trabajo SIM/Imágenes/Prueba/test/test_futbol ...	entrenamiento	futbol	84.11 %	✓
D:/Master/SIM2010/Trabajo SIM/Imágenes/Prueba/test/test_futbol ...	entrenamiento	futbol	85.80 %	✓
D:/Master/SIM2010/Trabajo SIM/Imágenes/Prueba/test/test_futbol ...	entrenamiento	futbol	78.87 %	✓
D:/Master/SIM2010/Trabajo SIM/Imágenes/Prueba/test/test_futbol ...	entrenamiento	futbol	77.27 %	✓
D:/Master/SIM2010/Trabajo SIM/Imágenes/Prueba/test/test_futbol ...	entrenamiento	futbol	84.15 %	✓
D:/Master/SIM2010/Trabajo SIM/Imágenes/Prueba/test/test_futbol ...	entrenamiento	futbol	61.73 %	✓
D:/Master/SIM2010/Trabajo SIM/Imágenes/Prueba/test/test_futbol ...	entrenamiento	futbol	58.35 %	✓
D:/Master/SIM2010/Trabajo SIM/Imágenes/Prueba/test/test_motos...	entrenamiento	motos	93.24 %	✓
D:/Master/SIM2010/Trabajo SIM/Imágenes/Prueba/test/test_motos...	entrenamiento	motos	96.58 %	✓
D:/Master/SIM2010/Trabajo SIM/Imágenes/Prueba/test/test_motos...	entrenamiento	motos	87.11 %	✓
D:/Master/SIM2010/Trabajo SIM/Imágenes/Prueba/test/test_motos...	entrenamiento	motos	89.75 %	✓
D:/Master/SIM2010/Trabajo SIM/Imágenes/Prueba/test/test_motos...	entrenamiento	motos	84.89 %	✓
D:/Master/SIM2010/Trabajo SIM/Imágenes/Prueba/test/test_motos...	entrenamiento	motos	82.00 %	✓
D:/Master/SIM2010/Trabajo SIM/Imágenes/Prueba/test/test_motos...	entrenamiento	motos	96.28 %	✓
D:/Master/SIM2010/Trabajo SIM/Imágenes/Prueba/test/test_motos...	entrenamiento	motos	96.61 %	✓
D:/Master/SIM2010/Trabajo SIM/Imágenes/Prueba/test/test_motos...	entrenamiento	motos	99.31 %	✓
D:/Master/SIM2010/Trabajo SIM/Imágenes/Prueba/test/test_motos...	entrenamiento	motos	99.72 %	✓
D:/Master/SIM2010/Trabajo SIM/Imágenes/Prueba/test/test_tenis (...	entrenamiento	tenis	96.84 %	✓
D:/Master/SIM2010/Trabajo SIM/Imágenes/Prueba/test/test_tenis (...	entrenamiento	rugby	75.47 %	
D:/Master/SIM2010/Trabajo SIM/Imágenes/Prueba/test/test_tenis (...	entrenamiento	tenis	96.53 %	✓
D:/Master/SIM2010/Trabajo SIM/Imágenes/Prueba/test/test_tenis (...	entrenamiento	tenis	96.38 %	✓
D:/Master/SIM2010/Trabajo SIM/Imágenes/Prueba/test/test_tenis (...	entrenamiento	tenis	96.63 %	✓
D:/Master/SIM2010/Trabajo SIM/Imágenes/Prueba/test/test_tenis (...	entrenamiento	tenis	96.78 %	✓
D:/Master/SIM2010/Trabajo SIM/Imágenes/Prueba/test/test_tenis (...	entrenamiento	rugby	73.58 %	
D:/Master/SIM2010/Trabajo SIM/Imágenes/Prueba/test/test_tenis (...	entrenamiento	rugby	81.43 %	
D:/Master/SIM2010/Trabajo SIM/Imágenes/Prueba/test/test_tenis (...	entrenamiento	rugby	69.34 %	

Figura 3.5: *Tabla de resultados*

Cuando finaliza el proceso de prueba, *Qatris* puede añadir las imágenes clasificadas a su muestra inicial y actualizar los valores de los parámetros, por lo que tendríamos un aprendizaje interactivo continuo.

3.5.2. Búsqueda

En este segundo ejemplo vamos a tratar de encontrar las imágenes más parecidas a una dada haciendo uso del método de comparación por pares basado en la regresión logística bayesiana.

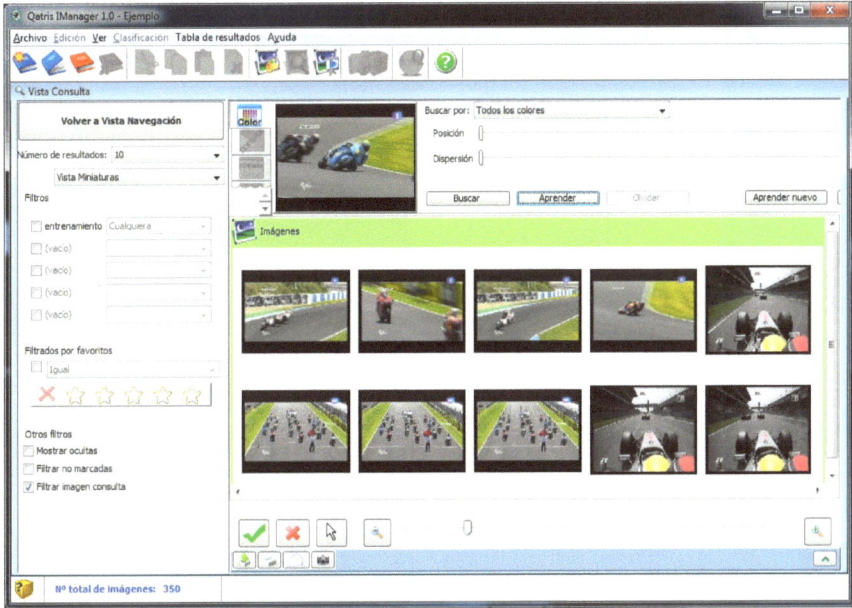

Figura 3.6: *Búsqueda inicial*

En la primera fase, al igual que en el ejemplo anterior, se procede al cargado de imágenes en el sistema. En esta fase, el sistema extrae automáticamente el vector de características de color de cada.

Tras seleccionar una imagen de consulta (IC) sobre la que se quiere realizar la búsqueda, se lleva a cabo un primer muestreo de pares (cómo aparece en la figura 3.6) utilizando la distancia euclídea. El sistema muestra, en este ejemplo, las 10 imágenes iniciales más parecidas a la imagen de consulta (en este caso una carrera de motos).

Al marcar el usuario (en la figura 3.7) las imágenes resultado que se parecen a la elegida (IR-SI) y las que no se parecen (IR-NO), se irán añadiendo a la matriz de pares que definimos para el método de comparación por pares, tomando el valor de Y que se muestra en la tabla siguiente. De este modo en la matriz se incluye en cada paso la opinión del usuario. Además, si el usuario marca una imagen como IR-SI y otra como IR-NO, no sólo se añade a la matriz sus respectivos pares con IC, sino que también se añade un par en la que IR-SI y IR-NO llevarán el valor $Y = 1$ porque el sistema asume que no se parecen.

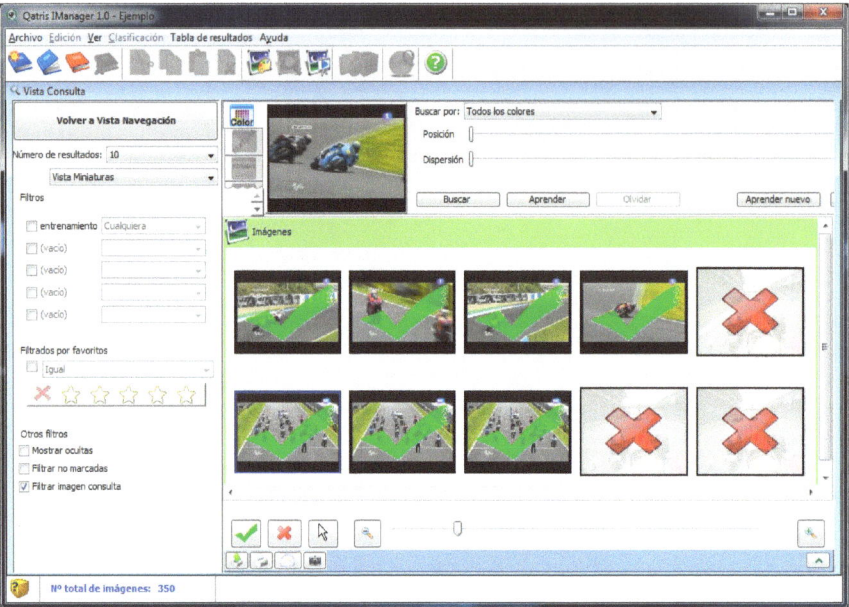

Figura 3.7: *Marcado de imágenes*

Imágenes	IC	IR-SI	IR-NO
IC	...	$Y = 0$	$Y = 1$
IR-SI	$Y = 0$	$Y = 0$	$Y = 1$
IR-NO	$Y = 1$	$Y = 1$	...

Con la matriz de pares se ejecuta el aprendizaje y se consigue de este modo una estimación de los parámetros del modelo, por lo que ya puede utilizarse en las siguientes búsquedas aplicando la medida ponderada $d_g(\cdot)$ definida en la subsección 3.4.2.

Las figura 3.8 muestra los resultados de la primera búsqueda con el aprendizaje. Los resultados son un poco mejores que en la primera búsqueda por lo que el método propuesto ha adaptado los pesos correctamente para que se identifiquen las imágenes que el usuario está buscando. Vamos a hacer un aprendizaje marcando las imágenes que son de motos como parecidas y la que contiene una carrera de Fórmula 1 como distinta.

Tras el nuevo aprendizaje y al realizar la búsqueda, atendiendo a los resultados obtenidos, ya se consiguen todas las imágenes de la misma clase "Motos". Se puede apreciar como con tan sólo dos fases de aprendizaje se han obtenido diez imágenes similares a la dada en la figura 3.9.

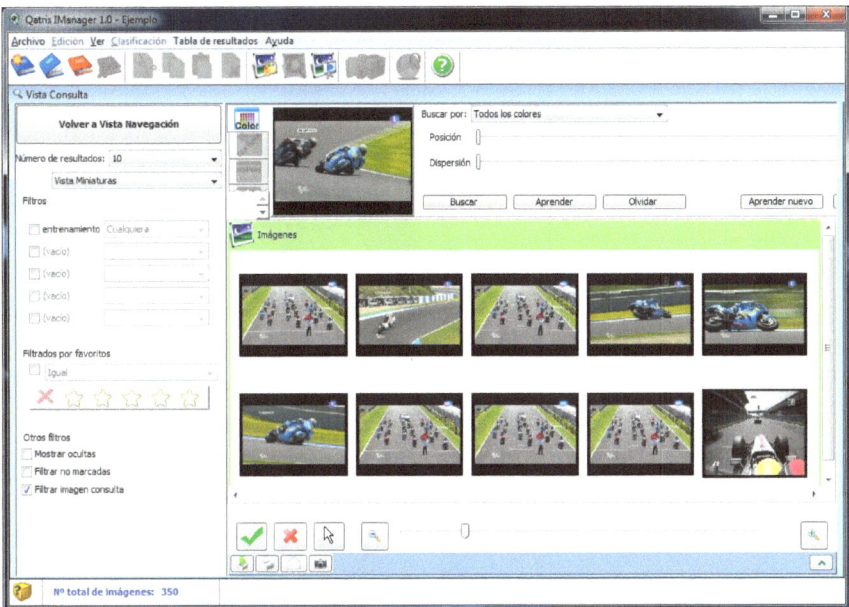

Figura 3.8: *Resultados con aprendizaje*

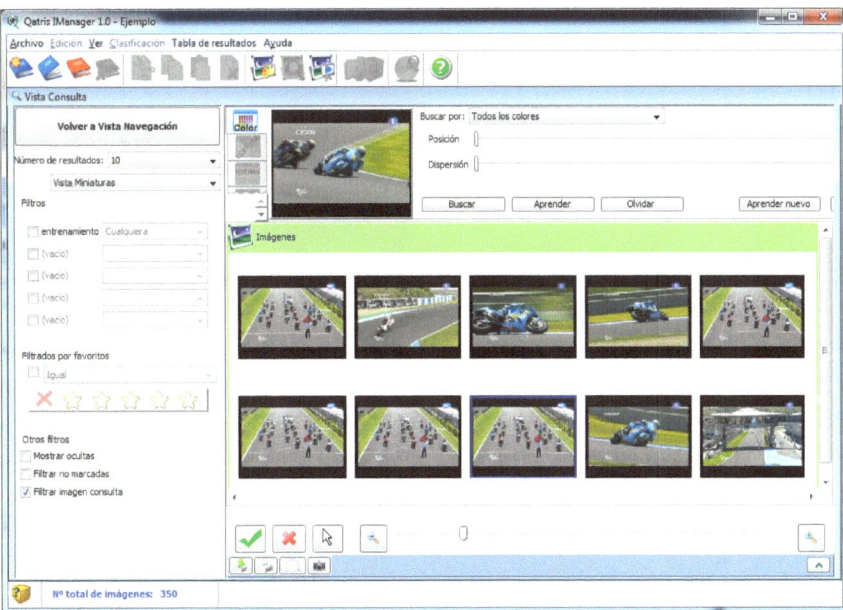

Figura 3.9: *Resultado final*

Capítulo 4

CONCLUSIONES Y TRABAJOS FUTUROS

El método desarrollado en este trabajo ha mostrado una efectividad bastante alta tanto en su objetivo principal, que es la resolución de problemas para la toma de decisiones, como al aplicarlo para la clasificación y búsqueda de imágenes.

Además, las aplicaciones donde está implementado han ofrecido unos resultados satisfactorios y representan un modo sencillo de aplicar el método. El software desarrollado para la toma de decisiones ha cumplido con los objetivos de conseguir una aplicación que permita utilizar las nuevas tecnologías para la toma de decisiones.

Sería conveniente encontrar los parámetros que optimizan la función soporte, con la restricción de que sean todos no negativos. Esto haría que la medida de similitud $d_g(\cdot)$ cumpliera las propiedades necesarias para ser una distancia. Además la función u_g, cumpliría las condiciones para ser función de utilidad. Se plantea esta mejora como un trabajo futuro que puede mejorar los resultados.

Por otra parte, las funciones de enlace son determinantes a la hora de resolver el problema. Detectar los cambios y las mejoras que podrían aportar diferentes funciones de enlace puede suponer un avance para futuras investigaciones.

Apéndice A

REGRESIÓN LOGÍSTICA

La regresión logística es una de las herramientas estadísticas más utilizadas en investigación. Se incluye en los Modelos Lineales Generalizados (GLM), formulados por Nelder y Wedderburn [27] como un modo de unificar varios modelos de regresión estadísticos. Propusieron un método de máxima verosimilitud para la estimación de los parámetros del modelo, haciendo uso de técnicas iterativas para la resolución de las ecuaciones finales. Posteriormente se desarrollaron las técnicas estadísticas bayesianas que complementan y fortalecen en algunos aspectos claves este método, como puede ser el sobreajuste en el que a menudo incurren los modelos clásicos.

A.1. Regresión logística binomial

Comenzaremos con el modelo más simple, el modelo de regresión logística dicotómica (también llamada simple o binomial). Consideramos el conjunto de datos $\mathbf{X}$ con variables respuesta binarias, es decir, para cada elemento x_i de $\mathbf{X}$ la respuesta puede ser $y_i = 1$ o bien $y_i = 0$. Entonces, la muestra $\mathbf{X}$ consistirá en n elementos del tipo (x_i, y_i), donde y_i es el valor de la variable binaria de clasificación y x_i es el valor de la variable explicativa. Los elementos con salida $y_i = 1$ se dice que pertenecen a la clase positiva, mientras que los que tengan $y_i = 0$ pertenecen a la clase negativa. El modelo de regresión debe permitir la clasificación de un nuevo elemento en la clase positiva o negativa. Este modelo tiene la forma:

$$y_i = \beta_0 + \beta_1 x_i + \xi_i \text{ donde } i = 1, 2, \dots, n.$$

Tomando la esperanza podemos decir que:

$$E[y_i|x_i] = \beta_0 + \beta_1 x_i \text{ para } i = 1, 2, \dots, n.$$

Llamaremos p_i a la probabilidad de que y tome el valor 1 (pertenezca a la clase positiva), es decir, $p_i = P(y = 1|x_i)$.

La variable y es binomial y toma como posibles valores uno y cero con probabilidades p_i y $1 - p_i$ respectivamente. Su esperanza será:

$$E[y_i|x_i] = p_i$$

Por tanto, podemos decir que: $p_i = \beta_0 + \beta_1 x_i$.

Si queremos que el modelo construido para discriminar nos proporcione directamente la probabilidad de pertenecer a cada clase, debemos transformar la variable respuesta para garantizar que la respuesta prevista esté entre cero y uno. Para ello se utilizan las funciones de enlace, que en particular para nosotros serán las funciones de distribución ya que suelen ser las más utilizadas:

$$p_i = F(\beta_0 + \beta_1 x_i)$$

En el modelo logístico, se emplea la función de distribución logística, dada por:

$$p_i = \exp(\beta_0 + \beta_1 x_i)/(1 + \exp(\beta_0 + \beta_1 x_i))$$

A.2. Estimación de máxima verosimilitud

Una vez definido el modelo logístico, para predecir los valores y_i de nuevos elementos, se requiere calcular el valor de los parámetros $\boldsymbol{\beta}$ del modelo. Para ello se utilizará el método de Máxima Verosimilitud (MV), ya que obtendremos parámetros estimados que maximizan la probabilidad de obtener el conjunto de datos observados.

El método de MV, debido a Fischer (véase McCulagh y Nelder [26]), proporciona como estimación de los parámetros aquel valor que hace máxima la probabilidad de que el modelo a estimar genere la muestra observada. Para precisar esta idea, supongamos que se dispone de una muestra aleatoria simple de n elementos de una variable aleatoria $\mathbf{x}$, p-dimensional, con función de densidad $f(x|\boldsymbol{\theta})$, donde $\boldsymbol{\theta} = (\theta_1, \theta_2, \ldots, \theta_m)$ es un vector de parámetros. Llamando $\mathbf{X} = (\mathbf{x}_1, \mathbf{x}_2, \ldots, \mathbf{x}_n)$ a los datos muestrales, la función de densidad conjunta de la muestra, por la independencia de las observaciones vendrá dada por:

$$f(\mathbf{X}|\boldsymbol{\theta}) = \prod_{i=1}^{n} f(\mathbf{x}_i|\boldsymbol{\theta}) .$$

Cuando el parámetro $\boldsymbol{\theta}$ es conocido, esta función determina la probabilidad de aparición de cada muestra. En el problema de estimación se dispone de la muestra, pero $\boldsymbol{\theta}$ es desconocido. Considerando en la expresión anterior $\boldsymbol{\theta}$ como una variable y particularizando esta función para los datos observados, se obtiene una función que llamaremos *función de verosimilitud*:

$$\ell(\boldsymbol{\theta}) = \prod_{i=1}^{n} f(\mathbf{x}_i|\boldsymbol{\theta}) .$$

El estimador de máxima verosimilitud, o estimador MV, es el valor de que hace máxima la probabilidad de aparición de los valores muestrales observados y se obtiene calculando el valor máximo de la función $\ell(\boldsymbol{\theta})$ mediante la resolución del sistema de ecuaciones:

$$\frac{\partial \ell(\boldsymbol{\theta})}{\partial(\theta_1)} = 0 , \frac{\partial \ell(\boldsymbol{\theta})}{\partial(\theta_2)} = 0 , \ldots , \frac{\partial \ell(\boldsymbol{\theta})}{\partial(\theta_m)} = 0 .$$

En la práctica, suele ser más cómodo obtener el máximo del logaritmo de la función de verosimilitud, que llamaremos función soporte.

$$L(\boldsymbol{\theta}) = \log \ell(\boldsymbol{\theta}).$$

Como el logaritmo es una transformación monótona, ambas funciones tienen el mismo máximo, y trabajar con esta función nos proporciona ciertas ventajas.

En el *Modelo de Regresión Logística*, la probabilidad p_i de que el elemento $\mathbf{x}_i$ pertenezca a la clase positiva viene dada por la expresión:

$$p_i = \frac{\exp(\boldsymbol{\beta}^T \mathbf{x}_i)}{1 + \exp(\boldsymbol{\beta}^T \mathbf{x}_i)}.$$

El modelo logit permite expresar linealmente la relación entre las probabilidades de pertenecer a cada clase mediante:

$$g_i = \log\left(\frac{p_i}{1 - p_i}\right) = \boldsymbol{\beta}^T \mathbf{x}_i.$$

El objetivo es obtener una estimación del vector de parámetros $\boldsymbol{\beta} = (\beta_1, \beta_2, \ldots, \beta_n)$ mediante el método de MV. Para ello suponemos una muestra aleatoria de datos $(x_i, y_i), i = 1, 2, \ldots, n$. La función de probabilidad para una respuesta y_i cualquiera es:

$$f(y_i|\boldsymbol{\beta}) = p_i^{y_i}(1 - p_i)^{1-y_i}, y_i = 0, 1.$$

Y para la muestra:

$$\ell(\boldsymbol{\beta}) = \prod_{i=1}^{n} f(y|\boldsymbol{\beta}) = \prod_{i=1}^{n} p_i^{y_i}(1 - p_i)^{1-y_i}.$$

Tomando logaritmos:

$$L(\boldsymbol{\beta}) = \log \ell(\boldsymbol{\beta}) = \sum_{i=1}^{n} y_i \log\left(\frac{p_i}{1 - p_i}\right) + \sum_{i=1}^{n} \log(1 - p_i).$$

La función soporte de verosimilitud puede escribirse como:

$$\log P(\boldsymbol{\beta}) = \sum_{i=1}^{n} (y_i \log p_i + (1 - y_i)\log(1 - p_i)).$$

Donde $\boldsymbol{\beta} = (\beta_1, \beta_2, \ldots, \beta_n)$ es un vector que determina las probabilidades p_i. Teniendo en cuenta que p_i se expresa en función de las variables explicativas y los parámetros de interés $\boldsymbol{\beta}$, de la forma:

$$p_i = \frac{\exp(\boldsymbol{\beta}^T \mathbf{x}_i)}{1 + \exp(\boldsymbol{\beta}^T \mathbf{x}_i)}.$$

Para maximizar la verosimilitud, obtenemos la función soporte:

$$L(\boldsymbol{\beta}) = \sum_{i=1}^{n} y_i \boldsymbol{\beta}^T \mathbf{x}_i - \sum_{i=1}^{n} \log(1 + \exp(\boldsymbol{\beta}^T \mathbf{x}_i)) \,,$$

que tendremos que derivar para obtener los estimadores MV. La primera derivada de la función soporte puede expresarse como un vector columna dado por:

$$\frac{\partial L(\boldsymbol{\beta})}{\partial \boldsymbol{\beta}} = \sum_{i=1}^{n} y_i \mathbf{x}_i - \sum_{i=1}^{n} \mathbf{x}_i \frac{\exp(\boldsymbol{\beta}^T \mathbf{x}_i)}{(1 + \exp(\boldsymbol{\beta}^T \mathbf{x}_i))} \,.$$

Como tenemos un sistema de ecuaciones no lineales utilizaremos el método de Newton-Raphson para resolverlo, como aparece en Bravo et al. [8]. Con dicho método podemos obtener el punto máximo $\hat{\boldsymbol{\beta}}$, a partir de un estimador inicial $\hat{\boldsymbol{\beta}}_0$:

$$\hat{\boldsymbol{\beta}} = \hat{\boldsymbol{\beta}}_0 + \left(\sum_{i=1}^{n} \mathbf{x}_i^T \mathbf{x}_i \hat{w}_i \right)^{-1} \left(\sum_{i=1}^{n} \mathbf{x}_i (y_i - \hat{p}_i) \right) \,,$$

$$w_i = \frac{\exp(\hat{\boldsymbol{\beta}}_0^T x_i)}{(1 + \exp(\hat{\boldsymbol{\beta}}_0^T x_i))^2} \,.$$

Finalmente la solución puede escribirse:

$$\hat{\boldsymbol{\beta}} = \hat{\boldsymbol{\beta}}_0 + (\mathbf{X}^T \hat{\mathbf{W}} \mathbf{X})^{-1} \mathbf{X}^T (\mathbf{Y} - \hat{\mathbf{Y}}) \,.$$

Donde $\hat{\mathbf{W}}$ es una matriz diagonal con términos $\hat{p}_i(1 - \hat{p}_i)$ e $\hat{\mathbf{Y}}$ es el vector de valores esperados de $\mathbf{Y}$. La matriz de varianzas-covarianzas de los estimadores es $\mathbf{X}^T \hat{\mathbf{W}} \mathbf{X}$.

A.3. Método de Newton Raphson

Este es un método para resolver ecuaciones no lineales, como la función soporte obtenida en la sección anterior. Se utiliza un método iterativo para hallar la estimación de los parámetros que maximizan la función soporte. El método de Newton-Raphson tiene una interpretación geométrica sencilla, como se puede apreciar en la figura A.1. Consiste en una linealización de la función, es decir, se calcula una recta que contiene el punto $(x_0, f(x_0))$ y cuya pendiente coincide con la derivada de la función en el punto, $f'(x_0)$. La aproximación a la solución, x_1, se obtiene de la intersección de la recta con el eje X de ordenadas.

El método parte, por tanto, de una aproximación inicial x_0 y consigue una estimación mejor, x_1, dada por:

$$x_1 = x_0 - \frac{f(x_0)}{f'(x_0)} \,.$$

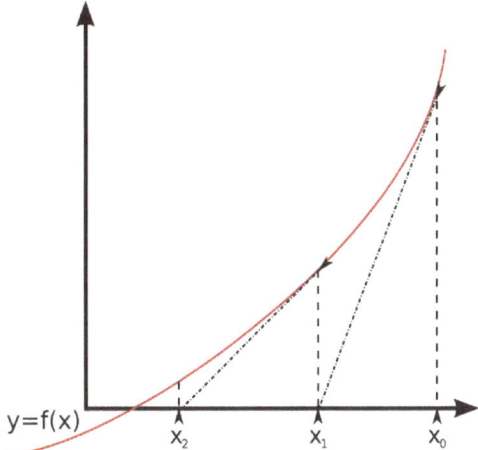

Figura A.1: *Interpretación geométrica*

Para maximizar la verosimilitud, debemos utilizar la función soporte:

$$L(\boldsymbol{\beta}) = \sum_{i=1}^{n} y_i \boldsymbol{\beta}^T \mathbf{x}_i - \sum_{i=1}^{n} \log(1 + \exp(\boldsymbol{\beta}^T \mathbf{x}_i)),$$

que derivaremos para obtener los estimadores MV. Escribiendo el resultado como:

$$\frac{\partial L(\boldsymbol{\beta})}{\partial \boldsymbol{\beta}} = \sum_{i=1}^{n} y_i \mathbf{x}_i - \sum_{i=1}^{n} \mathbf{x}_i \left(\frac{\exp(\boldsymbol{\beta}^T \mathbf{x}_i)}{1 + \exp(\boldsymbol{\beta}^T \mathbf{x}_i)} \right).$$

Desarrollando $(\partial L(\boldsymbol{\beta})/\partial \boldsymbol{\beta})$ alrededor de un punto $\hat{\boldsymbol{\beta}}$, tenemos (véase Peña [28]:

$$\frac{\partial L(\boldsymbol{\beta})}{\partial \boldsymbol{\beta}} = \frac{\partial L(\hat{\boldsymbol{\beta}})}{\partial \boldsymbol{\beta}} + \frac{\partial^2 L(\hat{\boldsymbol{\beta}})}{\partial \boldsymbol{\beta} \partial \boldsymbol{\beta}^T}(\boldsymbol{\beta} - \hat{\boldsymbol{\beta}}).$$

Para que $\hat{\boldsymbol{\beta}}$ corresponda al estimador de máxima verosimilitud su derivada debe anularse. Imponiendo la condición $\partial L(\boldsymbol{\beta})/\partial \boldsymbol{\beta} = 0$, se obtiene:

$$\hat{\boldsymbol{\beta}} = \hat{\boldsymbol{\beta}}_0 + \left(-\frac{\partial^2 L(\boldsymbol{\beta})}{\partial \boldsymbol{\beta} \partial \boldsymbol{\beta}^T} \right)^{-1} \left(\frac{\partial L(\boldsymbol{\beta})}{\partial \boldsymbol{\beta}} \right),$$

que expresa cómo obtener el punto máximo $\hat{\boldsymbol{\beta}}$, a partir de un punto próximo cualquiera $\hat{\boldsymbol{\beta}}_0$. La ecuación depende de la matriz de segundas derivadas que, en el óptimo, es la inversa de la matriz de varianzas-covarianzas de los estimadores MV. Por tanto, podemos obtener un nuevo valor del estimador $\hat{\boldsymbol{\beta}}$, a partir de un estimador inicial $\hat{\boldsymbol{\beta}}_0$, mediante la siguiente ecuación de actualización:

$$\hat{\boldsymbol{\beta}} = \hat{\boldsymbol{\beta}}_0 + \left(\sum_{i=1}^{n} \mathbf{x}_i^T \mathbf{x}_i \hat{\omega}_i \right)^{-1} \left(\sum_{i=1}^{n} \mathbf{x}_i (y_i - \hat{p}_i) \right),$$

donde $\hat{p}_i$ y $\hat{\omega}_i$ se calculan con el valor $\hat{\boldsymbol{\beta}}_{0,}$. El algoritmo puede escribirse como:

$$\hat{\boldsymbol{\beta}} = \boldsymbol{\beta}_0 + (\mathbf{X}^T\hat{\mathbf{W}}\mathbf{X})^{-1}\mathbf{X}^T(\mathbf{Y} - \hat{\mathbf{Y}}),$$

siendo $\hat{\mathbf{W}}$ una matriz diagonal con términos $\hat{p}_i(1 - \hat{p}_i)$ e $\hat{\mathbf{Y}}$ es el vector de valores esperados de $\mathbf{Y}$. La matriz de varianzas y covarianzas de los estimadores es aproximadamente $\mathbf{X}^T\hat{\mathbf{Y}}\mathbf{X}$.

A.4.   Regresión logística multinomial

En algunos problemas (como en el caso de la clasificación de imágenes), será necesario utilizar más de dos clases. Para ello utilizaremos el modelo de respuestas múltiples, aunque sea más habitual el uso del dicotómico. En este caso, la variable respuesta Y puede tomar K valores. En principio, puede tratarse de una variable cualitativa con valores no numéricos, sin embargo, resulta inmediato hacer corresponder cada etiqueta con un valor numérico: $1, 2, \ldots, K$. En realidad en lugar de utilizar esta variable, es mejor incorporar K variables ficticias o variables *dummy* que denotaremos por y_k con $k = 1, 2, \ldots, K$, de forma que:

$$y_{ik} = \begin{cases} 0, & \text{si el elemento } \mathbf{x}_i \text{ no pertenece a la clase } k, \\ 1, & \text{si el elemento } \mathbf{x}_i \text{ pertenece a la clase } k. \end{cases}$$

La regresión logística multinomial es un modelo de probabilidad condicional (desarrollado ampliamente por Hosmer y Lemeshow[21]), en el que a partir de la función de enlace:

$$g(p) = \log\left(\frac{p}{1 - p}\right),$$

se obtienen las probabilidades que buscamos para clasificar nuevos elementos:

$$p(y_{ik} = 1|\mathbf{x}_i, \boldsymbol{\beta}) = \frac{\exp\left(\boldsymbol{\beta}_k^T\mathbf{x}_i\right)}{\displaystyle\sum_{i=1}^{K}\exp\left(\boldsymbol{\beta}_i^T\mathbf{x}_i\right)}.$$

Está parametrizado por la matriz $\boldsymbol{\beta} = (\boldsymbol{\beta}_1, \boldsymbol{\beta}_2, \ldots, \boldsymbol{\beta}_K)^T$. Cada columna de $\boldsymbol{\beta}$ es un vector de parámetros correspondiente a cada una de las clases: $\boldsymbol{\beta}_k = (\beta_{k1}, \beta_{k2}, \ldots, \beta_{km})$. Esto es una generalización directa de la regresión logística binaria para el caso multiclase.

Del mismo modo que se realizó para el caso dicotómico, utilizando el método de máxima verosimilitud, se deriva la función soporte para conseguir los siguientes resultados:

$$\frac{\partial L(\boldsymbol{\beta})}{\partial\boldsymbol{\beta}} = \sum_{i=1}^{n} x_{ik}y_i - p(y_i = 1|\mathbf{x}_i),$$

para $k = 1, 2, \ldots, K$.

Nos enfrentamos de nuevo a un problema sin solución analítica y que resolveremos con el procedimiento iterativo de Newton Raphson. Para ello hacemos uso de la misma fórmula de actualización presentada anteriormente:

$$\hat{\boldsymbol{\beta}} = \hat{\boldsymbol{\beta}}_0 + (\mathbf{X}^T\hat{\mathbf{W}}\mathbf{X})^{-1}\mathbf{X}^T(\mathbf{Y} - \hat{\mathbf{Y}}) \,.$$

A.5. Regresión logística bayesiana

Antes de definir el método y los cálculos necesarios para llevar a cabo la regresión logística bayesiana vamos a poner unos breves antecedentes que sirvan de orientación y permitan descubrir las razones por las que se ha elegido esta metodología.

En la estadística bayesiana la probabilidad no se entiende exclusivamente como la frecuencia relativa de un suceso a largo plazo (como ocurre en la estadística clásica), se considera como el grado de convicción basado en la experiencia, acerca de que el suceso ocurra. Esto se conoce como definición subjetiva de la probabilidad según Girón [20]). Esta manera de razonar, radicalmente diferente a la inferencia clásica o frecuentista, es muy cercana al modo de proceder cotidiano e inductivo. La metodología supone que cualquier información empírica, combinada con el conocimiento que ya se tenga del problema, "actualiza" dicho conocimiento. Desde el punto de vista bayesiano un parámetro es visto como una variable a la que, antes de la evidencia muestral, se le asigna una distribución a priori con base al grado de creencia con respecto al comportamiento del parámetro aleatorio (véase Bayarri y Cobo [6]). Cuando se obtiene la evidencia muestral, la distribución a priori es modificada dando lugar a una distribución a posteriori. Es esta distribución a posteriori la que se emplea para formular inferencias con respecto a los parámetros, y que utilizaremos para estimar el vector $\boldsymbol{\beta}$ de nuestro modelo.

El enfoque Bayesiano tiene dos ventajas principales (véase Peña [28]). La primera, es su generalidad y coherencia. La segunda, es la capacidad de incorporar información a priori con respecto al parámetro. Esta fortaleza es, sin embargo, también su debilidad, porque exige siempre representar la información inicial respecto al vector de parámetros mediante una distribución inicial a priori. Éste es el aspecto más controvertido del método, ya que algunos científicos rechazan que la información inicial se incluya en un proceso de inferencia científica. En principio esto podría evitarse estableciendo una distribución no informativa para el problema pero, aunque es factible en casos simples, puede ser en sí mismo un problema complejo en el caso multivariante que estamos tratando de resolver.

La distribución final o a posteriori se obtiene mediante el teorema de Bayes. Si llamamos $\mathbf{X}$ a la matriz de datos, con distribución conjunta $f(\mathbf{X}|\boldsymbol{\theta})$, que proporciona las probabilidades de los valores muestrales conocido el vector de parámetros, la distribución a posteriori viene definida por:

$$p(\boldsymbol{\theta}|\mathbf{X}) = \frac{f(\mathbf{X}|\boldsymbol{\theta})p(\boldsymbol{\theta})}{\int f(\mathbf{X}|\boldsymbol{\theta})p(\boldsymbol{\theta})d\boldsymbol{\theta}} \,,$$

siendo $p(\boldsymbol{\theta})$ la distribución a priori del parámetro, que en nuestro caso al ser una normal viene dada por:

$$p(\boldsymbol{\theta}) = \frac{\exp(-\frac{1}{2}(\frac{x-\mu}{\sigma})^2)}{\sqrt{2\pi}\sigma}.$$

Enfocando la inferencia bayesiana en nuestro problema de regresión logística, podemos obtener considerables mejoras. Por ejemplo, uno de los principales problemas de la regresión logística clásica es el sobreajuste (*overfitting*) de los datos, expuesto en Gelman et al. [3]. Como consecuencia, al aplicar un modelo de regresión clásico, los parámetros pueden verse afectados por ese sobreajuste y su significado puede ser incorrecto, por lo que se dice que el modelo está sobreajustado. La aproximación bayesiana definida por Krishnapuram [23], soluciona esto asignando una distribución a priori para que los parámetros se mantengan en un intervalo limitado (normalmente cercano a cero) y así se corrija el sobreajuste.

Es importante corregir el sobreajuste del conjunto de entrenamiento en un modelo de regresión logística para permitir predicciones más precisas de nuevos elementos. Una aproximación bayesiana para esto es utilizar una distribución a priori de $\boldsymbol{\beta}$ que proporcione una alta probabilidad de que la mayoría de sus elementos sean cercanos a cero. La aproximación bayesiana del modelo de regresión logística más ampliamente utilizada consiste en imponer una distribución a priori gaussiana con media 0 y varianza σ_{kj}^2 para cada parámetro β_{kj}, de este modo:

$$p(\beta_{kj}|\sigma_{kj}) = \frac{1}{\sqrt{2\pi}\sigma_{kj}} \exp\left(\frac{-\beta_{kj}^2}{2\sigma_{kj}^2}\right).$$

En el modelo de regresión logística clásica, los estimadores de los parámetros se obtenían maximizando el logaritmo de la función de verosimilitud $L(\boldsymbol{\beta}) = \log(\ell(\boldsymbol{\beta}))$, también llamada función soporte. En la aproximación bayesiana deberemos tener en cuenta la distribución a priori de los parámetros, por lo que podemos considerar que la función soporte a maximizar viene dada por:

$$L(\boldsymbol{\beta}) = \ell(\boldsymbol{\beta}) + \log(p(\boldsymbol{\beta}))$$

A continuación describiremos un algoritmo de optimización (véase Krishnapuram et al. [23]) para estimar los parámetros de la matriz $\boldsymbol{\beta}$ y que puede ser utilizado para una distribución a priori Guassiana o de Laplace.

La función soporte puede maximizarse de una manera iterativa haciendo uso de una función sustitutiva Q como demuestra Lange et al. [25]), que aproxima el resultado mediante acotaciones:

$$\hat{\boldsymbol{\beta}}^{(t+1)} = \arg\max_{\boldsymbol{\beta}} Q(\boldsymbol{\beta}|\hat{\boldsymbol{\beta}}^{(t)}).$$

Este procedimiento tiene un incremento monótono del valor de la función objetivo en cada iteración si la función Q satisface que $L(\boldsymbol{\beta}) - Q(\boldsymbol{\beta}|\hat{\boldsymbol{\beta}}^{(t)})$ alcance su mínimo cuando $\boldsymbol{\beta} = \hat{\boldsymbol{\beta}}^{(t)}$.

Una forma de obtener la función sustitutiva cuando $L(\boldsymbol{\beta})$ es cóncava, es empleando una acotación de su matriz Hessiana que, si existe, debe ser definida negativa (véase Lange [24] y Lange et al. [25]). Si se acota inferiormente su matriz Hessiana, por ejemplo, si existe una matriz $\mathbf{B}$ tal que $H(\boldsymbol{\beta}) \geq \mathbf{B}$ para cualquier $\boldsymbol{\beta}$, entonces es fácil comprobar que para cualquier $\hat{\boldsymbol{\beta}}$ se cumple:

$$L(\boldsymbol{\beta}) \geq L(\hat{\boldsymbol{\beta}}) + (\boldsymbol{\beta} - \hat{\boldsymbol{\beta}})^T g(\hat{\boldsymbol{\beta}}) + \frac{1}{2}(\boldsymbol{\beta} - \hat{\boldsymbol{\beta}})^T \mathbf{B}(\boldsymbol{\beta} - \hat{\boldsymbol{\beta}}) \,,$$

donde $G(\hat{\boldsymbol{\beta}})$ denota el gradiente de $L(\boldsymbol{\beta})$ calculado en $\hat{\boldsymbol{\beta}}$. Tomando la parte derecha de la desigualdad anterior como $Q(\boldsymbol{\beta}|\hat{\boldsymbol{\beta}})$, tenemos que $L(\boldsymbol{\beta}) - Q(\boldsymbol{\beta}|\hat{\boldsymbol{\beta}}) \geq 0$, dándose la igualdad si y sólo si $\boldsymbol{\beta} = \hat{\boldsymbol{\beta}}$. Por tanto es una función válida y vendrá dada por:

$$Q(\boldsymbol{\beta}|\hat{\boldsymbol{\beta}}^{(t)}) = \boldsymbol{\beta}^T(g(\hat{\boldsymbol{\beta}}^{(t)}) - \mathbf{B}\hat{\boldsymbol{\beta}}^{(t)}) + \frac{1}{2}\boldsymbol{\beta}^T \mathbf{B}\boldsymbol{\beta} \,,$$

donde los términos que son irrelevantes para la maximización con respecto a $\boldsymbol{\beta}$ han sido eliminados. La maximización de esta función implica una simple ecuación de actualización dada por:

$$\hat{\boldsymbol{\beta}}^{(t+1)} = \hat{\boldsymbol{\beta}}^{(t)} - \mathbf{B}^{-1}g(\hat{\boldsymbol{\beta}}^{(t)}) \,.$$

La ventaja crucial de esta fórmula es que la inversa $\mathbf{B}^{-1}$ puede calcularse una vez y mantenerse, mientras que con el método tradicional hay que invertir el Hessiano en cada iteración. Esta actualización de los pesos puede aplicarse más fácilmente que la tradicional a la regresión logística multinomial con máxima verosimilitud utilizando una función a priori gaussiana. Esto es determinante a la hora de implementarlo para que se calcule con un software, ya que calcular la inversa requiere unos cálculos muy costosos. *Qatris Imanager* lleva implementado este método para aprovechar su eficiencia en tiempo y recursos.

Para resolver el método de actualización propuesto definiremos la matriz $\mathbf{B}$ y el gradiente $G(\boldsymbol{\beta})$ según lo establecido en Krishnapuram et al. [23]:

$$H(\boldsymbol{\beta}) \geq -\frac{1}{2}[\mathbf{I} - \mathbf{1}\mathbf{1}^T/m] \otimes \sum_{i=1}^{n} \mathbf{x}_i \mathbf{x}_i^T \equiv \mathbf{B} \,,$$

$$G(\boldsymbol{\beta}) = \sum_{i=1}^{n} (y_{ij} - p_i(\boldsymbol{\beta})) \otimes \mathbf{x}_i \,,$$

donde $y_{ij} = [y_{i1}, y_{i2}, \ldots, y_{iK}]$ y $\mathbf{1} = [1, 1, \ldots, 1]^T$. El operador $\otimes$ denota el producto matricial de Kronecker, también conocido como producto tensorial o producto directo. El producto de Kronecker entre dos matrices $\mathbf{A}$ y $\mathbf{B}$ de tamaño $m \times n$ y $p \times q$ respectivamente, es una nueva matriz de tamaño $mp \times nq$ definida y denotada como:

$$\mathbf{A} \otimes \mathbf{B} = \begin{pmatrix} a_{11}\mathbf{B} & a_{12}\mathbf{B} & \ldots & a_{1n}\mathbf{B} \\ \vdots & \vdots & \ddots & \vdots \\ a_{n1}\mathbf{B} & a_{n2}\mathbf{B} & \ldots & a_{nm}\mathbf{B} \end{pmatrix} \,.$$

El algoritmo que acabamos de desarrollar es fácilmente adaptable teniendo en cuenta que vamos a utilizar una función de distribución a priori gausiana para los parámetros $\boldsymbol{\beta}$. La función objetivo es:

$$L(\boldsymbol{\beta}) = \ell(\boldsymbol{\beta}) - \frac{\lambda}{2}\|\boldsymbol{\beta}\|_2^2\,,$$

donde $\|\cdot\|_2^2$ denota el cuadrado de la norma Euclídea y λ es la inversa de la varianza a priori. La única modificación del algoritmo es que ahora, en cada iteración, se debe maximizar:

$$Q(\boldsymbol{\beta}|\hat{\boldsymbol{\beta}}^{(t)}) - \frac{\lambda}{2}\|\boldsymbol{\beta}\|_2^2\,,$$

con lo que obtenemos la siguiente ecuación de actualización:

$$\hat{\boldsymbol{\beta}}^{(t+1)} = (\mathbf{B} - \lambda\mathbf{I})^{-1}(\mathbf{B}\hat{\boldsymbol{\beta}}^{(t)} - g(\hat{\boldsymbol{\beta}}^{(t)}))\,.$$

Como es posible precalcular $(\mathbf{B} - \lambda\mathbf{I})^{-1}$ y $(\mathbf{B} - \lambda\mathbf{I})^{-1}\mathbf{B}$, cada iteración de este método de optimización para regresión logística multinomial con distribución gaussiana, es menos costosa (desde un punto de vista computacional) que una iteración en el modelo general de máxima verosimilitud.

Con esto concluimos los resultados teóricos que definen la regresión logística bayesiana utilizada en el método para toma de decisiones.

Bibliografía

[1] J. Aczél. Determining merged relative score. *Journal of Mathematical Analysis and Applications*, 150:20–40, 1990.

[2] A. Agresti. *An introduction to categorical data analysis*. Wiley, 1996.

[3] G. Alexander, D. Lewis, and D. Madigan. Large-scale bayesian logistic regression for text categorization. *Technometrics*, 49(3):291–304, August 2007.

[4] J. P. Arias-Nicolás, C. J. Pérez, and J. R. Martín. A logistic regression-based pairwise comparison method to aggregate preferences. *Group Decision and Negotiation*, 17:237–247, February 2007.

[5] K. J. Arrow. *Social choice and individual values*. Wiley, 1951.

[6] M. J. Bayarri and E. Cobo. Una oportunidad para Bayes. *Médica Clínica*, 3, 2002.

[7] J. Berger. The case for objective bayesian analysis. *Bayesian Analysis*, 1(3):385–402, 2006.

[8] J. E. Bravo, A. J. Botero, and M. Botero. El método de Newton-Raphson: la alternativa del ingeniero para resolver sistemas de ecuaciones no lineales. *Scientia et Technica Año XI*, 27:221–224, April 2005.

[9] C. Carlsson. Decision support in virtual organizations: The case for multi-agent support. *Group Decision and Negotiation*, 11(3), 2002.

[10] R. A. Dahl. *Democracy and its critics*. 1989.

[11] A. de la Escalera. *Visión por Computador, Fundamentos y Métodos*. Prentice-Hall, 2001.

[12] B. de Sousa Santos. Participatory budgeting in porto alegre: Toward a redistributive democracy. *Politics and Society*, 26(4):461–510, December 1998.

[13] M. L. Durán, P. G. Rodríguez, J. P. Arias-Nicolás, J. Martín, and C. Disdier. A perceptual similarity method by pairwise comparison in a medical image case. *Machine Vision and Applications*, 2009.

[14] R. Efremov, A. V. Lotov, and A. Moukhacheva. Prototype participatory decision aid webtool based on pareto frontier visualization: experimental study. 2009.

[15] D. H. Freeman. *Applied categorical data analysis.* Marcel Dekker, 1987.

[16] S. French. The challenges in extending MCDA paradigm to e-democracy. *Journal of Multi-criteria Decision,* 12:63–233, 2003.

[17] S. French. Web-enabled strategic GDSS, e-democracy and Arrow's theorem: A bayesian perspective. *Decision Support Systems,* (43):1476–1484, July 2006.

[18] A. Gelman, J. B. Carlin, H. S. Stern, and D. B. Rubin. *Bayesian Data Analysis.* Chapman and Hall, 1997.

[19] C. Genest and J. V. Zidek. Combining probability distributions: A critique and an annotated bibliography. *Statistical Science,* 1(1):114–135, February 1986.

[20] J. Girón. Regresión logística y análisis discriminante robustos: un enfoque bayesiano. 2003.

[21] D. W. Hosmer and S. Lemeshow. *Applied logistic regression.* Wiley and Sons, 2000.

[22] A. K. Jai, R. Duin, and J. Mao. Statistical pattern recognition: A review. *IEEE Transaction on pattern and machine intelligence,* 22(1):4–37, January 2000.

[23] B. Krishnapuram, L. Carin, M. Figueiredo, and A. J. Hartemink. Sparse multinomial logistic regression: Fast algorithms and generalization bounds. *IEEE Transactions on Pattern Analysis and Machine Intelligence,* 27(6):957–968, June 2005.

[24] K. Lange. *Optimization.* Springer Verlag, 2004.

[25] K. Lange, D. Hunter, and I. Yang. Optimization transfer using surrogate objective functions. *Journal of computational and graphical statistics,* 9:1–59, 2000.

[26] P. McCullagh and J. A. Nelder. *Generalized Lineal Models.* Monographs on Statistics and Applied Probability. Chapman and Hall, 1989.

[27] J. Nelder and R. Wedderburn. Generalized linear models. *Journal of the Royal Statistical Society. Series S(General),* 135(3):370–384, 1972.

[28] D. Peña. *Análisis de datos multivariantes.* McGraw Hill, 2002.

[29] F. Qureshi and D. Terzopoulos. Intelligent perception and control for space robotics autonomous satellite Rendezvous and Docking. *Machine Vision and Applications,* 19(3):141–161, 2008.

[30] F. M. Ramadan-Mamata, D. van Lerberghe, and H. Fabre. European e-democracy award report. online, 2005.

[31] A. K. Rantilla and D. V. Vudescu. Aggregation of expert opinions. *Proceedings of the 32nd Hawaii International Conference on System Sciences*, 1999.

[32] J. M. Ríos Aliaga. *Supporting group decisions through the web: E-democracy and E-participatory budgets*. PhD thesis, Universidad Rey Juan Carlos, Marzo 2006.

[33] J. Schürmann. *Pattern Classification: A Unified View of Statistical and Neural Approaches*. Wiley and sons, 1996.

[34] A. Smeulders, M. Worring, S. Santini, A. Gupta, and R. Jain. Content-based image retrieval at the end of the early years. *IEEE Transactions on Pattern Analysis and Machine Intelligence*, 22(12):1349–1380, December 2000.

[35] J. E. Smith and D. von Winterfeldt. Decision analysis in management science. *Management Science*, 50(5):561–574, May 2004.

[36] S. Theodoridis and K. Koutroumbas. *Pattern Recognition*. Elsevier Academia, 4th edition, 2003.

[37] G. B. Toskano. El proceso de análisis jerárquico (AHP) como herramienta para la toma de decisiones en la selección de proveedores. Investigación operativa, Universidad Nacional Mayor de San Marcos, 2005.

[38] E. Triantaphyllou. *Multi-Criteria Decision Making Methods: A comparative Study*. Springer, 1st edition, 2000.

[39] A. Tversky. Features of similarity. *Psychological Review*, 84(4):327–352, July 1977.

[40] G. van Huylenbroeck. The conflict analysis method: bridging the gap between Electre, Promethee and Oreste. *European Journal of Operational Research*, 82(3):490–502, May 2000.